Wissenschaftliche Taschenbücher WTB

Mathematik · Physik

Lineare parametrische Optimierung

WTB

Wissenschaftliche Taschenbücher

GÜNTHER WAGNER / HANS KÜHMSTEDT
Pharmazeutische Chemie

ROLF SCHÖLLNER
Die Oxydation organischer Verbindungen mit Sauerstoff

ULRICH BEHRENS / MANFRED RINGPFEIL
Mikrobielle Polysaccharide

MARTIN FINKE / WALTER LEIPNITZ
Moderne Methoden der Erdölanalyse

ERICH GUNDERMANN
Chemie und Technologie des Braunkohlenteers

GERHARD KEMPTER
Struktur und Synthese von Vitaminen

FRIEDRICH JACOB
Bewegungsphysiologie der Pflanzen

HELLMUTH GÄBLER
Forstschutz

ALFRED PALISSA
Bodenzoologie in Wissenschaft, Naturhaushalt und Wirtschaft

LUDWIG SPANNHOF
Zellen und Gewebe der Tiere

JOACHIM RIEMER
Quantitative organische Mikroanalyse

ALFRED FRIESER
Mikrowellenmeßtechnik

HANS-WERNER NOLTE
Pflanzenschutz in der Landwirtschaft

WERNER HABERDITZL
Magnetochemie

HARRY PAUL
Lasertheorie, Teil I und II

D. TER HAAR
Quantentheorie

J. H. SANDERS
Die Lichtgeschwindigkeit

JEAN KUNTZMANN
Unendliche Reihen

JEAN KUNTZMANN
Systeme von Differentialgleichungen

JEAN KUNTZMANN
Komplexe Veränderliche

FERDINAND CAP
Einführung in die Plasmaphysik
I. Theoretische Grundlagen

FERDINAND CAP
Einführung in die Plasmaphysik
II. Wellen und Instabilitäten

FERDINAND CAP
Einführung in die Plasmaphysik
III. Magnetohydrodynamik

J. A. ROSANOW
Wahrscheinlichkeitstheorie

HARRY PFEIFER
Theorie linearer Bauelemente
Elektronik für den Physiker I

HARRY PFEIFER
Die Elektronenröhre
Elektronik für den Physiker II

HARRY PFEIFER
Schaltungen mit Elektronenröhren
Elektronik für den Physiker III

HARRY PFEIFER
Leitungen und Antennen
Elektronik für den Physiker IV

HARRY PFEIFER
Mikrowellenelektronik
Elektronik für den Physiker V

HARRY PFEIFER
Halbleiterelektronik
Elektronik für den Physiker VI

STEPHEN G. BRUSH
Kinetische Theorie, Teil I und II

EBERHARD HOFMANN
Eiweiße und Nucleinsäuren als biologische Makromoleküle
Dynamische Biochemie, Teil I

EBERHARD HOFMANN
Enzyme und energiebereitstellende Reaktionen des Stoffwechsels
Dynamische Biochemie, Teil II

EBERHARD HOFMANN
Der Stoffwechsel lebendiger Systeme und seine Regulation
Dynamische Biochemie, Teil III

EBERHARD HOFMANN
Grundlagen der Molekularbiologie und Regulation des Zellstoffwechsels
Dynamische Biochemie, Teil IV

HERBERT GOERING
Elementare Methoden zur Lösung von Differentialgleichungsproblemen

PETER KRUMBIEGEL
Isotopieeffekte

D. M. BRINK
Kernkräfte

DIETER ONKEN
Steroide

DIETER KLAUA
Elementare Axiome der Mengenlehre
Einführung in die Allgemeine Mengenlehre I

GÜNTER TEMBROCK
Grundlagen der Tierpsychologie

J. F. VINSON
Optische Kohärenz in der klassischen Theorie und in der Quantentheorie

W. R. HINDMARSH
Atomspektren

GÜNTER TEMBROCK
Biokommunikation
Informationsübertragung im biologischen Bereich
Teil I und II

DIETER MERKEL
Riechstoffe

JOHN CUNNINGHAM
Vektoren

ERNST SCHMUTZER
Symmetrien und Erhaltungssätze der Physik

GERHARD LERCH
Pflanzenökologie

MICHAEL GÖSSEL
Angewandte Automatentheorie, Band I

MICHAEL GÖSSEL
Angewandte Automatentheorie, Band II

HEINRICH KINDLER
Der Regelkreis

A. R. KESSEL
Akustische Kernresonanz

WOLFRAM BRAUER / HANS-WALDEMAR STREITWOLF
Theoretische Grundlagen der Halbleiterphysik

HARRY PAUL
Nichtlineare Optik, Teil I und II

DIETER KLAUA
Grundbegriffe der axiomatischen Mengenlehre
Teil 1 und 2
Einführung in die Allgemeine Mengenlehre II

KONRAD KREHER
Festkörperphysik

E. G. GOLSTEIN
Konvexe Optimierung

EBERHARD TEUSCHER
Pharmakognosie, Teil I und II

SIEGFRIED HAUPTMANN
Über den Ablauf organisch-chemischer Reaktionen

A. S. SONIN / B. A. STRUKOW
Ferroelektrizität

L. A. SKORNJAKOW
Elemente der Verbandstheorie

HANS-MARTIN BARCHET
Chemie photographischer Prozesse

R. A. R. TRICKER
Frühe Elektrodynamik

N. D. SHEWANDROW
Polarisation des Lichtes

A. A. SMIRNOW
Metallphysik

VOLKER KEMPE
Theorie stochastischer Systeme

ROLF BORSDORF / MANFRED SCHOLZ
Spektroskopische Methoden in der organischen Chemie

KLAUS ODENING
Parasitismus

WOLFGANG PAULI
Vierpoltheorie
und ihre Anwendung auf elektronische Schaltungen

DIETER KLAUA
Kardinal- und Ordinalzahlen, Teil 1 und 2
Einführung in die Allgemeine Mengenlehre III

R. A. R. TRICKER
Die Beiträge von Faraday und Maxwell zur Elektrodynamik

HANS DAWCZYNSKI
Temperaturbeständige Faserstoffe aus organischen Polymeren

HANS DAWCZYNSKI
Temperaturbeständige Faserstoffe aus anorganischen Polymeren

HELMUT FRIEMEL / JOSEF BROCK
Grundlagen der Immunologie

GERALD WOLF
Neurobiologie

HORST KEHLEN / FRANK KUSCHEL / HORST SACKMANN
Grundlagen der chemischen Kinetik

HANS BERGER
Tierernährung

ULRICH SEDLAG
Biologische Schädlingsbekämpfung

MARTIN SCHMIDT
Pflanzenschutz im Gartenbau

WOLFGANG WAGNER
Chemische Thermodynamik

HANNELORE FISCHER / JOACHIM PIEHLER
Modellsysteme der Operationsforschung

ALBERT EINSTEIN
Grundzüge der Relativitätstheorie

ALBERT EINSTEIN
Über die spezielle und die allgemeine Relativitätstheorie

MICHAEL GÖSSEL
Wahrscheinlichkeitsautomaten und Zufallsfolgen

HANS-JÜRGEN TREDER
Elementare Kosmologie

PETER PAUFLER / DIETER LEUSCHNER
Kristallographische Grundbegriffe der Festkörperphysik

PAUL HOFFMANN
Photosynthese

DIETRICH BENDER / ERNST-EGON PIPPIG
Einheiten — Maßsysteme — SI

WOLFGANG MEILING
Kernphysikalische Elektronik

WERNER DÖPKE
Stereochemie organischer Verbindungen

SIEGFRIED BREHMER
Einführung in die Maßtheorie

ULRICH RÖSEBERG
Determinismus und Physik

I. S. SHELUDEW
Elektrische Kristalle

DIETER KÖNIG / DIETRICH STOYAN
Methoden der Bedienungs- und Zuverlässigkeitstheorie

VOLKER KEMPE
Analyse stochastischer Systeme, Teil I

HARRY PFEIFFER
Schaltungen mit Transistoren
Elektronik für den Physiker VII

ULRICH KAUSMANN / KLAUS LOMMATZSCH
FRANTIŠEK NOŽIČKA
Lineare parametrische Optimierung

Vorschau auf die nächsten Bände:

HANS BANDEMER / ANDREAS BELLMANN
WOLFHART JUNG / KLAUS RICHTER
Optimale Versuchsplanung

WOLFGANG SCHÄFER
Theoretische Grundlagen der Stabilität technischer Systeme

KLAUS KÜHNE
Werkstoff Glas

REGINE WITKOWSKI / FALKO H. HERRMANN
Einführung in die klinische Genetik

WTB

BAND 166

U. Kausmann · K. Lommatzsch · F. Nožička

Lineare parametrische Optimierung

Mit 22 Abbildungen und 47 Tabellen

AKADEMIE-VERLAG · BERLIN

Reihe MATHEMATIK UND PHYSIK

Herausgeber:
Prof. Dr. phil. habil. W. Holzmüller, Leipzig
Prof. Dr. phil. habil. A. Lösche, Leipzig
Prof. Dr. phil. habil. H. Reichardt, Berlin
Prof. Dr. phil. habil. K. Schröder, Berlin
Prof. Dr. phil. habil. K. Schröter, Berlin
Prof. Dr. rer. nat. habil. H.-J Treder, Potsdam

Verfasser:

Dr. U. Kausmann, Dr. K. Lommatzsch,
Prof. Dr. F. Nožička

Humboldt-Universität zu Berlin

1976

Lizenznummer: 202 · 100/413/76
Herstellung: VEB Druckhaus „Maxim Gorki", 74 Altenburg
Bestellnummer: 761 776 1 (7166) · LSV 1084
Printed in GDR
EVP 8,–

Inhaltsverzeichnis

Einleitung

Die Theorie der linearen parametrischen Optimierung hat sich in den letzten Jahren zu einer im gewissen Sinne selbständigen Disziplin entwickelt. Ihr Gegenstand sind Optimierungsaufgaben, in denen die Ausgangsgrößen linear von Parametern abhängen. Werden statt der Parameter fest gewählte Größen eingesetzt, gehen diese Aufgaben in lineare Optimierungsprobleme über. Für den Fall parameterabhängiger Zielfunktionen und rechter Seiten der Restriktionen liegen heute abgeschlossene Theorien vor. 1974 erschien im gleichen Verlag eine Monographie, die eine umfassende und exakte allgemeine Darlegung der linearen parametrischen Optimierung bringt [19]. Um jedoch einem größeren Kreis von Lesern einen Einblick in die Problematik der linearen parametrischen Optimierung zu geben, wird in dem vorliegenden Bändchen versucht wichtige Ergebnisse anschaulich darzustellen und verschiedene Anwendungen zu skizzieren. Anders als in der erwähnten Monographie wird zur Herleitung der Aussagen die Simplexmethode benutzt; zum Verständnis der Ausführungen sind daher Grundkenntnisse in der linearen Optimierung und in der Handhabung der Simplextransformationen Voraussetzung. Zur Wahrung einer gewissen Anschaulichkeit der Darstellung stehen den algebraischen Transformationen geometrische Deutungen zur Seite, ohne daß hier in jedem Fall auf ihre Berechtigung eingegangen werden kann. Die ausgewählten Beispiele beziehen sich nur auf ökonomische Fragestellungen, es ist aber bekannt, daß die lineare parametrische Optimierung auch in anderen Disziplinen ihre Anwendungen findet.

1. Wege zur linearen parametrischen Optimierung

Für die lineare Optimierung liegt von Seiten der Mathematik eine gut ausgearbeitete Theorie vor, d. h., es sind sowohl Existenz- und Eindeutigkeitsfragen beantwortet als auch effektive Lösungsverfahren entwickelt worden. Andererseits hat die Erfahrung gezeigt, daß ökonomische Fragestellungen verschiedener Art in einer für die Praxis ausreichenden Näherung als Modelle der linearen Optimierung formuliert werden können; dabei haben die benutzten Daten wie auch die Lösungen einen klaren Sinn. Nicht in allen Fällen wird einem Auftraggeber jedoch die Angabe der optimalen Lösungen seines Modelles genügen. Für eine gründliche Analyse der von ihm untersuchten Gegebenheiten benötigt er oft weitere Aussagen; es lassen sich Fragen folgender Art erwarten:

a) Gibt es außer den berechneten optimalen Lösungen weitere optimale Lösungen?

b) Wie hängt die optimale Lösung der Aufgabe von Veränderungen in den vorgegebenen Beschränkungen ab? Läßt sich diese Abhängigkeit übersichtlich darstellen?

c) Welche Veränderungen in den optimalen Lösungen werden durch Änderungen in der verwendeten Gewichtung der Ziele hervorgerufen, also etwa durch veränderte Preise produzierter Güter, oder durch Verwendung anderer Technologien mit einem z. B. geringeren Aufwand lebendiger, aber höheren Aufwand vergegenständlichter Arbeit?

d) Welche Aussagekraft haben die optimalen Lösungen, wenn die in das Modell eingehenden Daten mit gewissen

Fehlern behaftet sind? Wie bekannt, lassen sich solche Ungenauigkeiten in vielen Fällen nur schwer bzw. mit einem unangemessen hohen Aufwand eliminieren.

e) Läßt sich eine Aufgabe der linearen Optimierung lösen, falls für bestimmte Koeffizienten nur obere bzw. untere Schranken bekannt sind?

f) Welche Veränderungen in der Zielfunktion, in den Beschränkungen und in der Koeffizientenmatrix bzw. in der durch das Modell wiedergegebenen Wirtschaftsstruktur sind möglich, ohne daß sich die optimale Lösung ändert?

g) Einige in das Modell eingehende Daten haben zufälligen Charakter (z. B. ist die erzeugte Menge gewisser landwirtschaftlicher Produkte vom Wetter abhängig, die Reparaturkosten sind für kürzere Planperioden zufällige Größen). Lassen sich auch für Modelle mit Daten dieser Art optimale Lösungen angeben?

h) Kann man Aussagen über optimale Lösungen für solche Aufgaben machen, in denen mehrere Zielfunktionen zu berücksichtigen sind? Ein Betrieb strebt z. B. an, gleichzeitig den Arbeitsaufwand zu minimieren und den Erlös zu maximieren.

Die hier in loser Folge aufgezählten Fragen stellen sicher nur einen Teil der Probleme dar, die sich bei der Verwendung von Modellen der linearen Optimierung ergeben. Andererseits lassen sich bereits bei flüchtiger Durchsicht gewisse Zusammenhänge bzw. Überschneidungen erkennen.

Zur Diskussion der hier aufgeworfenen Fragen wollen wir ein allgemeines Modell der linearen Optimierung heranziehen:

$$z = \sum_{j=1}^{n} c_j x_j \qquad \text{maximal}, \tag{1.1}$$

wobei

$$\sum_{j=1}^{n} a_{ij} x_j \leqq b_i, \qquad i = 1, \ldots, m, \tag{1.2}$$

$$x_j \geqq 0, \qquad j = 1, \ldots, n. \tag{1.3}$$

Dabei wird $(x_1, \ldots, x_n)$ als ein Vektor angesehen, dessen Komponenten die zu bestimmenden Größen sind, z. B. die Mengen der zu produzierenden Güter. Die Größen $c_1, \ldots, c_n$ sind die Bewertungen, die $x_1, \ldots, x_n$ entsprechend zugemessen werden, z. B. kann c_j den Erlös angeben, den der Betrieb für eine Einheit des Gutes j erhält.

Die Matrix A mit den Elementen a_{ij} $(i = 1, \ldots, m;$ $j = 1, \ldots, n)$ läßt sich als Strukturmatrix des betrachteten Systems auffassen, sie spiegelt z. B. einen gewissen, bestehenden oder geplanten Stand der Technologie wieder. Die Elemente $(b_1, \ldots, b_m)$ haben in ökonomischen Aufgabenstellungen in der Regel die Bedeutung von in beschränkter Menge vorhandenen Gütern, von Mindestanforderungen an den Betrieb u. ä. Die Bedingung (1.3) beinhaltet die für ökonomische Größen typische Nichtnegativitätsforderung. Erfüllt ein Vektor $(x_1, \ldots, x_n)$ das Restriktionssystem (1.2)/(1.3), so heißt er bezüglich der betrachteten Optimierungsaufgabe *zulässig*. Mit den verschiedenen Simplexmethoden stehen effektive Verfahren zur Lösung linearer Optimierungsaufgaben zur Verfügung; man kann mit ihrer Hilfe feststellen, ob eine Aufgabe (1.1) bis (1.3) zulässige Lösungen besitzt, und dann eine optimale Lösung dieser Aufgabe berechnen bzw. nachweisen, daß solche nicht existieren.

Neuere Untersuchungen haben gezeigt, daß sich mit Hilfe von Simplexverfahren nicht nur eine optimale, sondern auch alle optimalen Lösungen — die sog. Optimalmenge — bestimmen lassen (vgl. [18]). Damit ist bereits die Frage a) beantwortet: Besitzt z. B. die Aufgabe einer Produktionsoptimierung mehrere optimale Lösungen, so stellen diese im Sinne des aufgestellten Modells gleichwertige Lösungsvarianten dar. Zur Beantwortung der unter d) und e) formulierten Probleme wäre eigentlich eine ganze Folge von Aufgaben der linearen Optimierung einzeln zu lösen. Es zeigte sich aber, daß für eine systematische Bearbeitung und eine deutliche Darstellung der Zusammenhänge zwischen diesen einzelnen

Aufgaben eine neue Theorie notwendig ist, die lineare parametrische Optimierung. Sie gestattet es, gewisse Klassen von Aufgaben der linearen Optimierung geschlossen zu behandeln.

Gelingt es etwa, linearen Systemen von dem in g) genannten zufälligen Charakter adäquat eine Klasse von determinierten linearen Aufgaben zuzuordnen, so kann auch hier die parametrische Optimierung Antworten liefern; im allgemeinen werden aber Probleme mit Daten zufälligen Charakters der Theorie der stochastischen Optimierung zuzuweisen sein.

Die Fragen b), c) und f), aber auch d) gehören in die sog. Sensitivitätsanalyse von Modellen bzw. — von einem etwas anderen Standpunkt her — zu der Problematik der Stabilität von Lösungen. Es ist eine für viele Untersuchungen wesentliche Aufgabe festzustellen, wie „empfindlich" ein Modell auf Änderung seiner Eingangsgrößen, auf Ungenauigkeiten der verwendeten Daten reagiert, oder wie „stabil" eine Lösung ist, d. h., können evtl. „geringfügige" Manipulationen an den Daten zu ganz anderen Resultaten führen? Diese Fragen sind heute für die lineare Optimierung mit der Theorie der linearen parametrischen Optimierung weitgehend beantwortbar.

Die Problemstellung h) — die Lösung von linearen Aufgaben mit mehreren Zielfunktionen — scheint weit entfernt von den eben genannten Aufgaben zu sein. Beachtet man aber, daß eine Lösung einer Aufgabe mit mehreren — evtl. sogar sich widersprechenden — Zielen nur ein Kompromißprogramm sein kann, so erkennt man, daß es darauf ankommt, die verschiedenen Ziele gegeneinander abzuwägen.

Die parametrische Optimierung versetzt uns in die Lage, zumindestens theoretisch eine Übersicht über alle Lösungen in Abhängigkeit von den möglichen gegenseitigen Gewichtungen der verschiedenen Ziele zu geben.

Anhand eines kleinen Beispiels soll nun versucht werden, einige der aufgeworfenen Fragen zu illustrieren.

Beispiel 1: In einem Betrieb wird die Herstellung der Güter 1, 2 und 3 erwogen. Die Höhe der Produktion ist durch Restriktionen für die zur Verfügung stehenden Faktoren 1 und 2 und die Arbeitskräfte nach oben beschränkt. Insgesamt sind 3 Varianten für die Ressourcen zu untersuchen (siehe Tab. 1). Die geplante Technologie erfordert für die Erzeugung einer Einheit des Gutes 1 die Menge $a_{11} = 2$ des Faktors 1 und $a_{31} = 3$ Arbeitseinheiten (Faktor 2 wird nicht benötigt); entsprechend sind je Einheit der Güter 2 und 3 folgende Verbrauchsmengen vorgegeben:

$$a_{12} = 3, \qquad a_{22} = 2, \qquad a_{32} = 2,$$
$$a_{13} = 0, \qquad a_{23} = 5, \qquad a_{33} = 4.$$

Tabelle 1

verfügbare Menge	Variante 1	2	3
Faktor 1	$b_{11} = 8$	$b_{12} = 0$	$b_{13} = 10$
Faktor 2	$b_{21} = 10$	$b_{22} = 8$	$b_{23} = 12$
Arbeitskräfte	$b_{31} = 16$	$b_{32} = 10$	$b_{33} = 10$

Zusammenfassend wird dieser Sachverhalt durch das Ungleichungssystem

$$2x_1 + 3x_2 \leqq 8v_1 + 10v_3, \tag{1.4}$$
$$2x_2 + 5x_3 \leqq 10v_1 + 8v_2 + 12v_3, \tag{1.5}$$
$$3x_1 + 2x_2 + 4x_3 \leqq 16v_1 + 10v_2 + 10v_3, \tag{1.6}$$
$$x_1, x_2, x_3 \geqq 0, \tag{1.7}$$

beschrieben.

Die Ungleichungen (1.4), (1.5), (1.6) entsprechen ihrem Wesen nach den Ungleichungen (1.2) in der oben angeführten linearen Optimierungsaufgabe; neu sind auf den rechten Seiten die Größen v_1, v_2, v_3. Mit ihrer Hilfe läßt sich z. B. ausdrücken, daß für die Planung der Produktion mehrere Varianten von Beschränkungen betrachtet werden können. Sind die drei Varianten einzeln zu untersuchen, so bedeutet das, daß jeweils ein v_k, $k \in \{1, 2, 3\}$, gleich 1 gesetzt wird und die anderen beiden gleich Null.

Werden auch Kombinationen der gegebenen Varianten zugelassen, so sind im Prinzip für die v_1, v_2 und v_3 alle möglichen reellen Zahlen zu berücksichtigen.

An das zu bestimmende Programm x_1, x_2, x_3 werden nun folgende Forderungen gestellt: Einerseits ist es wünschenswert, im Inland maximale Erlöse zu erzielen; zum anderen werden möglichst große Erlöse aus dem Export angestrebt; eine dritte Überlegung fordert ein solches Programm, das zu minimalen Transportkosten führt. Diese Ziele werden im allgemeinen nicht miteinander harmonieren.

Die vorgegebenen Größen für die Bewertung seien hier (jeweils je Einheit der erzeugten Güter 1, 2 und 3):

für die Inlanderlöse	$c_{11} = 3\,,\ c_{12} = 5\,,\ c_{13} = 4\,,$
für die Exporterlöse	$c_{21} = 1\,,\ c_{22} = 1\,,\ c_{23} = -1\,,$
für die Transportkosten	$c_{31} = 2\,,\ c_{32} = 1\,,\ c_{33} = 0$
(bzw. anders formuliert „Transporterlöse“)	$c_{31} = -2, c_{32} = -1, c_{33} = 0)$.

Bezüglich der Exporterlöse ist es also gleichgültig, ob Gut 1 oder Gut 2 erzeugt wird, die Inlanderlöse und die Transportkosten differieren jedoch bei diesen beiden Gütern voneinander.

Für eine Analyse kann man nun die drei Ziele etwa in folgender Form zu einer Zielfunktion für das Modell zusammenfassen:

$$\begin{aligned} z = {} & u_1(3x_1 + 5x_2 + 4x_3) + u_2(x_1 + x_2 - x_3) \\ & + u_3(-2x_1 - x_2)\,. \end{aligned} \tag{1.8}$$

Setzt man hier z. B. $u_1 = u_2 = 0$ und $u_3 = 1$, so führt das zu einer Zielfunktion, welche unter allen möglichen zulässigen Produktionsprogrammen dasjenige mit den geringsten Transportkosten auswählt (die Inland- und Exporterlöse der Güter werden dabei vollständig vernachlässigt). In ähnlicher Weise lassen sich aus (1.8)

Zielfunktionen zur Maximierung der Inland- bzw. der Exporterlöse erhalten. Sollen dabei alle drei genannten Ziele gleichmäßig berücksichtigt werden, so erreicht man das z. B. durch $u_1 = u_2 = u_3 = 1/3$. Ausgehend davon, daß oft sehr unterschiedliche Ansichten über die gegenseitige Bewertung der verschiedenen Ziele bestehen und daß man daher auch an einem Studium der Einflüsse unterschiedlicher Bewertungen auf das Ergebnis der untersuchten Aufgabe interessiert ist, leuchtet es ein, daß man sich im allgemeinen in (1.8) die unterschiedlichsten Größen u_1, u_2 und u_3 eingesetzt vorstellen kann. Von einem abstrakten Standpunkt wäre vielleicht überhaupt eine Analyse der Aufgabe für alle Zahlenkombinationen (u_1, u_2, u_3) wünschenswert. Wie aus den Darlegungen in den weiteren Kapiteln ersichtlich wird, gebietet eine vom rechnerischen Aufwand her vertretbare Behandlung linearer parametrischer Aufgaben aber, daß man sich von vornherein auf bestimmte Kombinationen der u_1, u_2 und u_3 beschränkt. In unserem Beispiel könnten ökonomische Überlegungen dazu führen, daß u_1, u_2 und u_3 als Gewichte gewählt werden, d. h., man beabsichtigt das Verhalten der Aufgabe nur für solche Kombinationen der u_1, u_2 und u_3 zu untersuchen, für die gilt

$$\begin{aligned} &u_1 + u_2 + u_3 = 1 \qquad \text{und} \\ &u_1, u_2, u_3 \geqq 0. \end{aligned} \tag{1.9}$$

Das Modell (1.4) bis (1.8) bezeichnet man als eine *Aufgabe der parametrischen Optimierung*, sobald verlangt wird, daß der Ausdruck (1.8) als Funktion der Veränderlichen x_1, x_2, x_3 über der durch (1.4) bis (1.7) beschriebenen Menge von zulässigen Vektoren (x_1, x_2, x_3) maximiert wird. Dabei hängt sowohl die Zielfunktion (1.8) als auch die Menge der zulässigen Vektoren von weiteren Größen ab, nämlich einmal von den Parametern u_1, u_2, u_3 und zum anderen von den Parametern v_1, v_2, v_3.

Ein Vergleich mit dem allgemeinen Modell der linearen Optimierung (1.1) bis (1.3) zeigt gewisse Übereinstimmungen. Während aber die Ungleichungen (1.2) auf den rechten Seiten konstante Glieder enthalten, stehen in unserem Beispiel in (1.4) bis (1.6) hier lineare Funktionen in den Parametern v_1, v_2, v_3. Die Funktion (1.8) läßt sich nach Umformung in

$$z = (3u_1 + u_2 - 2u_3)\,x_1 + (5u_1 + u_2 - u_3)\,x_2 + (4u_1 - u_2)\,x_3 \tag{1.10}$$

mit der Zielfunktion (1.1) vergleichen. Statt der konstanten Koeffizienten c_j haben wir hier in (1.10) lineare Funktionen der Parameter u_1, u_2, u_3 als Koeffizienten der Veränderlichen x_j. Setzen wir in dem betrachteten Beispiel für die Parameter u_1, u_2, u_3 und v_1, v_2, v_3 bestimmte feste Werte ein, so geht es in eine lineare Optimierungsaufgabe der Form (1.1) bis (1.3) über. Diese kann man nun lösen; man erhält entweder eine optimale Lösung oder die Aussage, daß eine solche nicht existiert. Das Ergebnis wird aber im allgemeinen davon abhängen, welche Realisierungen für u_1, u_2, u_3 und v_1, v_2, v_3 gewählt wurden. Für verschiedene Kombinationen der Parameter werden die aus der parametrischen Ausgangsaufgabe entstehenden linearen Optimierungsprobleme verschiedene Lösungspunkte (Optimalpunkte) besitzen, soweit sie überhaupt lösbar sind. Es bietet sich nun folgende Fragestellung an: Man variiert die Parameterkombinationen in bestimmter systematischer Weise; wie spiegelt sich das im Lösungsverhalten, in der Veränderung der optimalen Lösungen der sich jeweils ergebenden linearen Optimierungsaufgaben wider?

Die Theorie der parametrischen Optimierung zeigt, daß zwischen gewissen Parameterkombinationen und gewissen Mengen von optimalen Lösungen der entsprechenden linearen Optimierungsaufgaben bestimmte Zuordnungen bestehen, und sie hat sogar recht einfache und übersichtliche Strukturen sichtbar werden lassen. So bekommt man in bestimmten Fällen — wie wir im weiteren sehen werden — für eine Vielzahl von Parameterverktoren (u_1, u_2, u_3) dieselbe optimale Lösung (x_1, x_2, x_3), obwohl die beim Einsetzen der verschiedenen Parameter entstehenden linearen Optimierungsaufgaben durchaus unterschiedliche Zielfunktionen besitzen.

Die Kenntnis solcher Zusammenhänge erlaubt dann Fragen der Art zu beantworten, wie sie eingangs dieses Kapitels aufgeworfen wurden.

In unserem Beispiel 1 verzichteten wir darauf, die Koeffizienten auf den linken Seiten der Restriktionsungleichungen (1.4) bis (1.6) als parameterabhängige Funktionen zu wählen, obwohl auch Aufgaben solcher Art eine große ökonomische Bedeutung haben; es sei nur darauf hingewiesen, wie problematisch eine exakte Bestimmung der Elemente einer technologischen Matrix ist. Trotz vieler Ansätze hat sich bisher aber noch kein allgemein verwendbares Verfahren ergeben. Es liegen abgeschlossene Teilergebnisse vor, z. B. für den Fall, daß die Koeffizienten einer Zeile bzw. Spalte der technologischen Matrix lineare Funktionen von Parametern sind. Da sich solche speziellen Fälle aber auf Aufgaben der Art zurückführen lassen, wie sie durch das Beispiel angedeutet und wie sie im weiteren behandelt werden, wird im Rahmen dieses Bändchens ganz darauf verzichtet, Probleme mit Parametern in der Restriktionsmatrix zu betrachten.

2. Aufgaben der linearen parametrischen Optimierung

2.1. *Die Aufgabe I*

Als erste parametrische Probleme wurden Aufgaben folgender Form untersucht:

$$z = \sum_{j=1}^{n} (c_j + c_j' u)\, x_j \qquad \text{maximal,} \tag{2.1}$$

wobei

$$\sum_{j=1}^{n} a_{ij} x_j \leqq b_i, \qquad i = 1, \ldots, m, \tag{2.2}$$

$$x_j \geqq 0, \qquad j = 1, \ldots, n, \tag{2.3}$$

$$u \in U. \tag{2.4}$$

Von einer Aufgabe der linearen Optimierung unterscheidet sich das angegebene Problem darin, daß bei der Veränderlichen x_j statt des festen Koeffizienten c_j in der Zielfunktion (2.1) hier eine lineare Funktion $c_j + c_j'u$ des Parameters u steht, dabei kann sich u nach (2.4) in einer bestimmten Teilmenge U der reellen Zahlenachse R^1 bewegen (evtl. $U = R^1$).

Wir versuchen nun, eine solche Aufgabe geometrisch zu veranschaulichen und ziehen dazu Beispiel 1 heran. Die Größe der zur Verfügung stehenden Ressourcen sei gemäß Variante 3 festgelegt, d. h. $v_1 = v_2 = 0$, $v_3 = 1$.

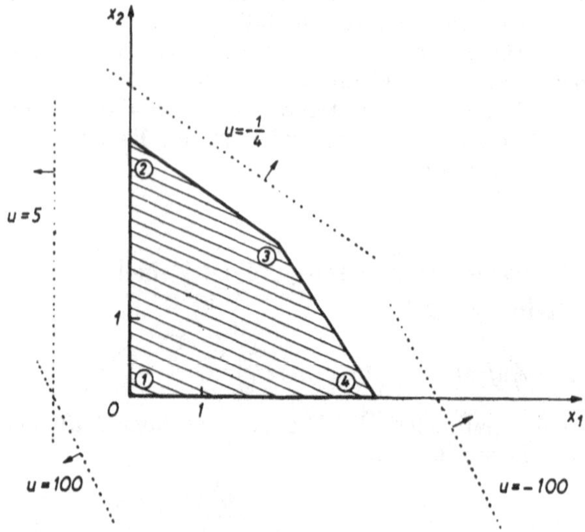

Abb. 1

Auf die Produktion des Gutes 3 wird verzichtet, die zugehörigen Größen verschwinden also. Das Produktionsprogramm soll so gewählt werden, daß die Inlanderlöse maximal werden; gleichzeitig ist der Einfluß der Transportkosten (exakt formuliert: des Bestrebens, diese minimal zu gestalten) auf das auszuwählende Programm zu untersuchen. Eine Aussage über die gegenseitige Gewichtung beider Ziele liegt nicht vor, es sollen gerade Vorstellungen gewonnen werden, wie eine unterschiedlich starke Berücksichtigung der Transportkosten die Festlegung eines „optimalen" Programms beeinflußt. Diese Fragestellung kann in einer Zielfunktion zusammengefaßt werden, die sich aus der in Beispiel 1 ergibt, wenn dort $u_1 = 1$, $u_2 = 0$ und $u_3 = u$ gesetzt werden. Damit lautet das

Beispiel 2:

$$z = (3 - 2u)\,x_1 + (5 - u)\,x_2 \quad \text{maximal,} \tag{2.5}$$

wobei

$$\begin{aligned} 2x_1 + 3x_2 &\leqq 10, \\ 2x_2 &\leqq 12, \end{aligned} \tag{2.6}$$

$$\begin{aligned} 3x_1 + 2x_2 &\leqq 10, \\ x_1, x_2 &\geqq 0. \end{aligned} \tag{2.7}$$

In Abb. 1 ist der Restriktionsbereich von Beispiel 2 schraffiert dargestellt. Die Bedingung $2x_2 \leqq 12$ schränkt den zulässigen Bereich nicht ein. Die eingekreisten Ziffern numerieren die Eckpunkte des zulässigen Bereiches.

Bei fest gewähltem u ergibt sich aus (2.5) eine Zielfunktion im Sinne der linearen Optimierung. Für einige dieser Zielfunktionen ($u = 100$, $u = 5$, $u = -1/4$ und $u = -100$) ist jeweils eine Höhenlinie (eine Gerade mit konstantem z-Wert) punktiert in die Abb. 1 eingezeichnet. Die an diesen Linien angebrachten Pfeile zeigen in Richtung wachsender Werte der entsprechenden Zielfunktionen.

Für $u = 100$, d. h. bei einer sehr starken Betonung der Transportkosten in (2.5), ist der Eckpunkt 1 ($x_1 = x_2 = 0$) optimal. Wird also das Ziel einer Transportkostenminimierung so stark hervorgehoben (100:1 gegenüber den Inlanderlösen), so empfiehlt unser Modell die Einstellung der Produktion. Dasselbe gilt auch für alle $u > 100$. Für kleiner werdende u nähert sich die (gedachte) Höhenlinie der für $u = 5$ angedeuteten Lage. Im Fall $u = 5$ ergibt sich eine Zielfunktion mit Höhenlinien parallel zur x_2-Achse; damit sind für eine Aufgabe mit diesem Parameter alle die Punkte optimal, die auf der Verbindungsstrecke der Eckpunkte 1 und 2 liegen.

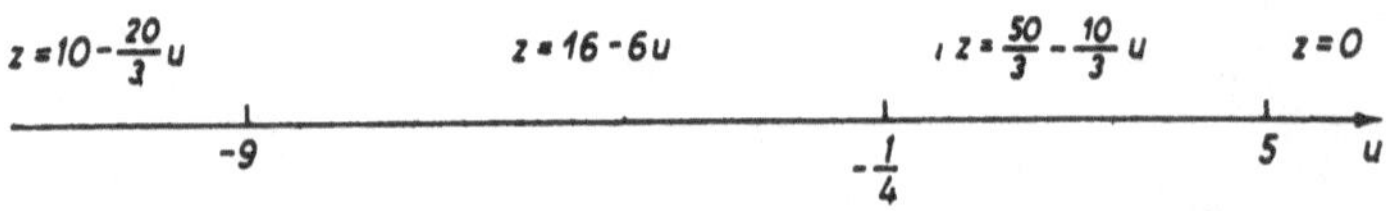

Abb. 2

Für Werte u aus dem Intervall (5, $-1/4$) führt unser Beispiel zu Aufgaben der linearen Optimierung, die den Eckpunkt 2 als optimalen Punkt besitzen. Bei Fortsetzung dieses Vorgehens für weitere Werte von u ergibt sich das in Abb. 2 zusammengefaßt dargestellte Ergebnis. Im vorliegenden Fall ist das eine vollständige Aufteilung der u-Achse in Intervalle. Für alle Werte u aus demselben Intervall haben die linearen Optimierungsaufgaben, die sich für diese u aus unserem Beispiel ergeben, dieselbe Ecke des Restriktionsbereiches als optimalen Lösungspunkt. Der Zielfunktionswert z in (2.5) ändert sich dagegen auch über den einzelnen Intervallen in Abhängigkeit von u (wie in Abb. 2 angegeben). In der parametrischen Optimierung ist zur Charakterisierung des Zusammenhangs zwischen den optimalen Werten der Zielfunktion und den entsprechenden Werten u der Begriff der Lösungsfunktion $z = z(u)$ eingeführt worden.

Es ist hier auf ihre beschränkte Aussagekraft bezüglich des ursprünglichen Problems hinzuweisen: Ihre Werte hängen im Gegensatz zu dem Wert der Zielfunktionen linearer Optimierungsaufgaben von der gewählten Bewertung u ab. Aussagen über den absoluten Wert des Programms werden in der parametrischen Optimierung nur in Abhängigkeit von den einfließenden Parametern getroffen. So erhält man im betrachteten Beispiel 2 für

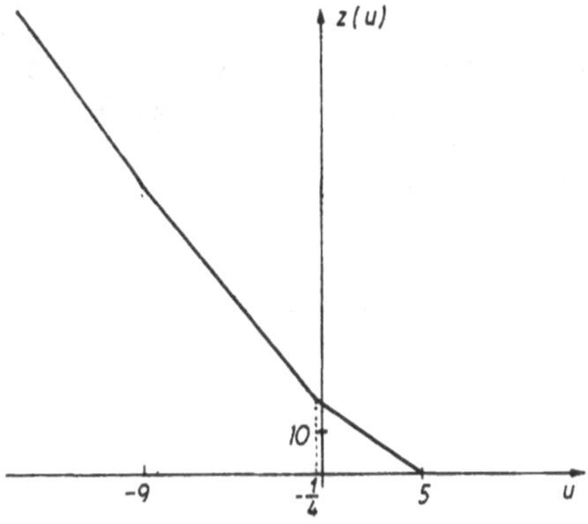

Abb. 3

das durch den Eckpunkt 4 repräsentierte Programm beliebig hohe Werte z, falls nur u geeignet klein festgelegt wird. Die Erlöse für diesen Punkt (10/3, 0) bleiben aber für alle u mit $u \leqq -9$ unverändert: Für die Inlanderlöse bekommt man die Größe 10, für die Transportkosten die Größe 20/3 (vgl. dazu die im Ausdruck (1.8) zusammengefaßten einzelnen Zielfunktionen). Das Gesamtverhalten der Funktion $z(u)$ ist in Abb. 3 veranschaulicht, sie weist einen stückweise linearen und konvexen Verlauf von $z(u)$ über der u-Achse aus.

Die Werte der Einteilungspunkte $u = -9$, $u = -1/4$ und $u = 5$ führen zu Optimierungsaufgaben, deren

Optimalmengen jeweils eine ganze Seite des Restriktionsbereiches sind. Für keinen Parameterwert u aus R^1 ergibt sich aber aus (2.5) bis (2.7) eine solche Aufgabe, die die gesamte Strecke zwischen den Eckpunkten 1 und 4 als Optimalmenge besitzt: Gäbe es ein $\bar{u}$ mit dieser Eigenschaft, so müßte der Gradient $(3 - 2\bar{u},\ 5 - \bar{u})$ senkrecht auf der Geraden $x_2 = 0$ stehen und aus dem zulässigen Bereich hinausweisen, d. h. $3 - 2\bar{u} = 0$ und $5 - \bar{u} < 0$, diese beiden Forderungen sind aber nicht gleichzeitig erfüllbar.

Zum Abschluß der Diskussion des Beispiels 2 noch ein Hinweis: Es ist im allgemeinen nicht zu erwarten, daß die Aufgabe (2.1) bis (2.3) für jedes $u \in R^1$ zu lösbaren linearen Optimierungsproblemen führt (es sei an Aufgaben mit unbeschränktem Restriktionsbereich erinnert); in einem solchen Fall wäre in der Analyse anzugeben, daß die entsprechenden linearen Optimierungsaufgaben keine optimale Lösung besitzen. Weiter wird dem Leser nicht entgangen sein, daß mit negativen Parametern die Transportkosten in der Zielfunktion bewußt groß gemacht werden. Das scheint kaum sinnvoll, das Ergebnis wurde hier nur späterer Verallgemeinerungen wegen vollständig ermittelt.

Für den konkreten Fall des Beispiels 2 könnte es vielleicht genügen, die Aufgabe für u aus dem Bereich von $u = 0$ bis $u = 10$ zu untersuchen, d. h. vom Fall der Vernachlässigung der Transportkosten bis zu dem Fall ihrer zehnfach höheren Bewertung gegenüber den Inlanderlösen; man erhält damit eine Einschränkung der Art (2.4):

$$u \in [0; 10]. \tag{2.8}$$

Das Ergebnis der Untersuchung ist dann entsprechend dem von uns gewählten Vorgehen eine Aufteilung des durch (2.8) beschriebenen Abschnitts der u-Achse. Es zeigt sich: Ob nun die Transportkosten vernachlässigt werden, ob sie wie die Inlanderlöse ($u = 1$) oder fünffach höher als diese gewertet werden, immer ist das Programm

$x_1 = 0$, $x_2 = 10/3$ (das ist die Ecke 2) optimal; bei einer noch höheren Bewertung des Transportes empfiehlt das Modell die Einstellung bzw. Nichtaufnahme der Produktion.

Damit sei die Behandlung des Beispiels 2 abgeschlossen. Es wurde deutlich, daß für parametrische Aufgaben der Art (2.1) bis (2.4) ein gegenüber der linearen Optimierung abweichender Lösungsbegriff verwendet werden muß. Dieser ist nun wie folgt definiert:

Unter einer *Lösung der Aufgabe* (2.1) *bis* (2.4) wird die Angabe einer solchen Einteilung der Menge U (evtl. der gesamten reellen Zahlenachse R^1) in Untermengen $N, K^{(1)}, K^{(2)}, \ldots, K^{(H)}$, die wir im weiteren *Einteilungsmengen* nennen werden, verstanden, die die nachstehenden Eigenschaften a), b) und c) besitzt:

a) Für jedes u aus der Menge N ist die sich aus (2.1) bis (2.3) ergebende lineare Optimierungsaufgabe unlösbar.

b) Für alle u aus einer Menge $K^{(h)}$ $(h \in \{1, 2, \ldots, H\})$ besitzen die sich für diese u aus (2.1) bis (2.3) ergebenden linearen Optimierungsaufgaben denselben Eckpunkt[1]) des zulässigen Bereiches (2.2)/(2.3) als optimalen Punkt.

c) Die Untermengen $N, K^{(1)}, \ldots, K^{(H)}$ sind maximal, d. h., jede dieser Mengen umfaßt auch alle Zahlen u mit den Eigenschaften a) bzw. b).

Die endliche Anzahl H der Mengen $K^{(h)}$ ist eine direkte Folgerung aus der Endlichkeit der Anzahl M von Ecken des Restriktionsbereiches, es gilt $H \leqq M$.

Die in Abb. 2 gegebene Aufteilung der u-Achse ist nach der eben angegebenen Definition eine Lösung des Beispiels 2 für $U = R^1$. Die Menge N ist hier leer.

Eine formale — und auch natürliche — Erweiterung der Aufgabenstellung (2.1) zu einer Aufgabe mit d Para-

---

[1]) Bekanntlich entspricht ein Eckpunkt des zulässigen Bereiches einer zulässigen Basislösung im Sinne des Simplexverfahrens.

metern führt zu der Zielfunktion

$$z = \sum_{j=1}^{n} \left(c_j + \sum_{r=1}^{d} c_{rj} u_r \right) x_j \qquad \text{maximal}, \tag{2.9}$$

die Vektoren $(c_1, \ldots, c_n)$ und $(c_{r1}, \ldots, c_{rn})$, $r = 1, \ldots, d$, sind hier vorgegebene Größen und $(u_1, \ldots, u_d)$ der Parametervektor. Die Restriktionen (2.2) und (2.3) bleiben unverändert, (2.4) wird erweitert zu

$$(u_1, \ldots, u_d) \in U^d, \tag{2.10}$$

wobei U^d eine Teilmenge des d-dimensionalen Raumes R^d bezeichnet.

Als allgemeine Aufgabe des Typs I der linearen d-parametrischen Optimierung wird die folgende Problemstellung bezeichnet:

$$z = \sum_{j=1}^{n} \left(\sum_{r=1}^{d} c_{rj} u_r \right) x_j \qquad \text{maximal}, \tag{2.11}$$

wobei

$$\sum_{j=1}^{n} a_{ij} x_j \leqq b_i, \qquad i = 1, \ldots, m, \tag{2.12}$$

$$x_j \geqq 0, \qquad j = 1, \ldots, n, \tag{2.13}$$

$$(u_1, \ldots, u_d) \in U^d. \tag{2.14}$$

Der Übergang zu einer Aufgabe mit einer Zielfunktion der Form (2.9) ist einfach: In (2.11) wird ein Parameter u_r, $r \in \{1, \ldots, d\}$, gleich 1 gesetzt, der zum Index r gehörende Vektor $(c_{r1}, \ldots, c_{rn})$ übernimmt die Rolle des „absoluten" Vektors $(c_1, \ldots, c_n)$, und in der Zielfunktion treten nur noch die Parameter $u_1, \ldots, u_{r-1}, u_{r+1}, \ldots, u_d$ auf. Eine Zielfunktion der Art (2.9) erweist sich somit als ein Spezialfall von (2.11), letztere ist dann nur noch für die Parameter $(u_1, \ldots, u_d) \in R^d$ zu untersuchen, die in dem Unterraum $u_r = 1$ des R^d liegen bzw. im Durchschnitt dieses Unterraumes mit der Menge U^d.

Den Aufgabentyp I wollen wir nun wieder an einem Beispiel für $n = d = 2$ erläutern. In der Analyse des

Beispiels 2 sahen wir, daß es letzten Endes bei der dort geschilderten Aufgabenstellung auf die gegenseitige Gewichtung der beiden Ziele (die Maximierung des Inlanderlöses und die Minimierung der Transportkosten) ankam. Es erscheint also sinnvoll, beiden Zielfunktionen Bewertungen zuzuordnen, die mit u_1 (für die Inlanderlöse) und u_3 (für die Transportkosten) bezeichnet seien.

Beispiel 3:

$$z = (3u_1 - 2u_3)\,x_1 + (5u_1 - u_3)\,x_2 \qquad \text{maximal}, \tag{2.15}$$

wobei

$$\begin{aligned} 2x_1 + 3x_2 &\leqq 10, \\ 2x_2 &\leqq 12, \\ 3x_1 + 2x_2 &\leqq 10, \end{aligned} \tag{2.16}$$

$$x_1, x_2 \geqq 0 \tag{2.17}$$

(diese Aufgabe ergibt sich als Spezialfall aus Beispiel 1 für $x_3 = 0$, $v_1 = v_2 = 0$, $v_3 = 1$ und $u_2 = 0$).

Für jedes feste Wertepaar $(u_1, u_3) \in R^2$ läßt sich das Beispiel 3 als ein lineares Optimierungsproblem behandeln. So bekommt man z. B. für $u_1 = u_3 = 1$ die Ecke 2 des Restriktionsbereiches als optimalen Lösungspunkt (vgl. dazu Abb. 4, in der das Beispiel graphisch veranschaulicht wird; die Lage einiger Zielfunktionen ist wieder durch jeweils eine Höhenlinie angedeutet). Wählt man $u_1 = 1$ und $u_3 = -2$, so ist die Ecke 3 die optimale Lösung für das sich ergebende lineare Optimierungsproblem. Für $u_1 = -1$ und $u_3 = -3/2$ ergibt sich aus (2.15) bis (2.17) eine lineare Optimierungsaufgabe, bei der die Ecken 1 und 4 optimal sind (und damit auch alle Punkte, die auf der Verbindungsstrecke dieser beiden Eckpunkte liegen). Für $u_1 = u_2 = 0$ verschwindet die Zielfunktion (2.15), d. h., in diesem Fall sind alle zulässigen Punkte auch optimale Punkte.

Es ist hier offensichtlich schwieriger als im Beispiel 2, eine Übersicht über alle diejenigen Parametervektoren

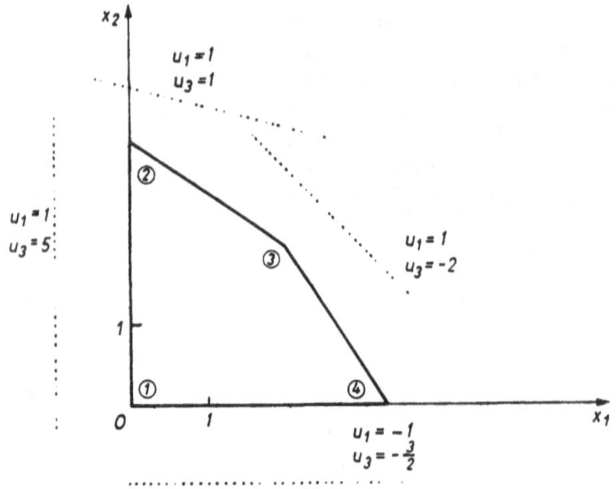

Abb. 4

(u_1, u_3) zu gewinnen, für die (2.15) bis (2.17) in lineare Optimierungsaufgaben mit derselben Optimalmenge übergeht.

Das nachfolgende Optimalitätskriterium für lineare Optimierungsaufgaben mit zu maximierender Zielfunktion bietet aber — im Falle von zwei Veränderlichen x_1 und x_2 — eine Möglichkeit, solche Parametermengen durch Ungleichungssysteme zu beschreiben. Es lautet: Die Zielfunktion nimmt ihren maximalen Wert über dem Restriktionsbereich in einem solchen zulässigen Punkt an, in dem der Gradient der Zielfunktion eine nichtnegative Linearkombination der — vom Restriktionsbereich her gesehen — nach außen weisenden Normalen derjenigen (abgeschlossenen) Seiten größter Dimension des Restriktionsbereiches ist, auf denen der betrachtete zulässige Punkt liegt. (Dieses Kriterium ist ein Spezialfall eines allgemeinen Optimalitätskriteriums für lineare Optimierungsaufgaben n Veränderlicher.)

In dem von uns untersuchten Beispiel 3 ist der Punkt (0, 10/3) zulässig (es ist entsprechend unserer Abb. 4 der

Eckpunkt 2 des Restriktionsbereiches); er liegt auf den beiden — den zulässigen Bereichen berandenden — Geraden $x_1 = 0$ und $2x_1 + 3x_2 = 10$. Die zugehörigen Normalen dieser Seiten sind damit $(1, 0)$ und $(2, 3)$; da die erstere in den Restriktionsbereich weist (genauer in den Halbraum $x_1 \geqq 0$), ist sie negativ zu nehmen, also $(-1, 0)$. Der Gradient der Zielfunktion (2.15) hat die Form

$$(3u_1 - 2u_3, 5u_1 - u_3). \tag{2.18}$$

Wie wir aus der vorangegangenen Diskussion des Beispiels wissen, gibt es Parametervektoren (u_1, u_3), die die Aufgabe (2.15) bis (2.17) in solche lineare Optimierungsaufgaben überführt, die den Punkt $(0, 10/3)$ als Optimalpunkt besitzen. Nach dem angeführten Kriterium existieren also Zahlen $w_1 \geqq 0$ und $w_2 \geqq 0$ derart, daß

$$\begin{pmatrix} 3u_1 - 2u_3 \\ 5u_1 - u_3 \end{pmatrix} = w_1 \begin{pmatrix} -1 \\ 0 \end{pmatrix} + w_2 \begin{pmatrix} 2 \\ 3 \end{pmatrix}. \tag{2.19}$$

Formt man diese Vektorgleichung in ein Gleichungssystem um und löst dieses nach w_1 und w_2 auf, so bekommt man

$$\begin{aligned} w_1 &= 1/3u_1 + 4/3u_3, \\ w_2 &= 5/3u_1 - 1/3u_3. \end{aligned} \tag{2.20}$$

Für das oben verwendete $u_1 = u_3 = 1$ erhalten wir hier $w_1 = 5/3$ und $w_2 = 4/3$, also nichtnegative Zahlen; das Kriterium bestätigt, daß die lineare Optimierungsaufgabe, die sich für $(u_1, u_3) = (1, 1)$ aus (2.15) bis (2.17) ergibt, die Ecke 2 als Lösungspunkt besitzt.

Die Gleichungen (2.20) lassen sich ganz formal — d. h. ohne ein bestimmtes (u_1, u_3) zu verwenden — herleiten, und man kann nach allen den Paaren (u_1, u_3) fragen, für die $w_1 \geqq 0$ und $w_2 \geqq 0$ gilt. Das sind nach (2.20) offenbar die (u_1, u_3), für die gilt

$$\begin{aligned} 1/3u_1 + 4/3u_3 &\geqq 0, \\ 5/3u_1 - 1/3u_3 &\geqq 0 \end{aligned}$$

bzw.

$$\begin{aligned} u_1 + 4u_3 &\geqq 0, \\ 5u_1 - u_3 &\geqq 0. \end{aligned} \tag{2.21}$$

Jeder Vektor (2.18), dessen Parameter u_1 und u_3 den Ungleichungen (2.21) genügen, läßt sich damit als nichtnegative Linearkombination der Vektoren $(-1, 0)$ und $(2, 3)$ darstellen, d. h. wie in (2.19) beschrieben. Damit ist die Ecke 2 Lösungspunkt aller derjenigen linearen Optimierungsaufgaben, die sich aus der parametrischen Aufgabe (2.15) bis (2.17) für solche u_1 und u_3 ergeben, die dem Ungleichungssystem (2.21) genügen.

Für die anderen Eckpunkte des Restriktionsbereiches (2.16) und (2.17) lassen sich gleichfalls solche Ungleichungssysteme für u_1 und u_3 auf die genannte Weise herleiten:

für den Eckpunkt 1 das System

$$\begin{aligned} -3u_1 + 2u_3 &\geqq 0, \\ -5u_1 + u_3 &\geqq 0, \end{aligned} \tag{2.22}$$

für den Eckpunkt 3 das System

$$\begin{aligned} -u_1 - 4u_3 &\geqq 0, \\ 9u_1 + u_3 &\geqq 0, \end{aligned} \tag{2.23}$$

für den Eckpunkt 4 das System

$$\begin{aligned} -9u_1 - u_3 &\geqq 0, \\ 3u_1 - 2u_3 &\geqq 0. \end{aligned} \tag{2.24}$$

Für Wertepaare (u_1, u_3), die gleichzeitig zwei solcher Ungleichungssysteme erfüllen, besitzen die entsprechenden linearen Optimierungsaufgaben die beiden zugehörigen Ecken als Lösungspunkte. Der oben angeführte Fall für $u_1 = -1$ und $u_3 = -3/2$ führte zu den Ecken 1 und 4 als Lösungspunkte; wie man leicht nachprüft, genügen diese Werte für u_2 und u_3 gleichzeitig (2.22) und

(2.24). Der Vektor $(u_1, u_3) = (0, 0)$ erfüllt alle vier Ungleichungssysteme, d. h., alle Eckpunkte des Restriktionsbereiches sind in der entsprechenden linearen Optimierungsaufgabe optimal; das ist aber klar, denn für $u_1 = u_3 = 0$ verschwindet (2.15).

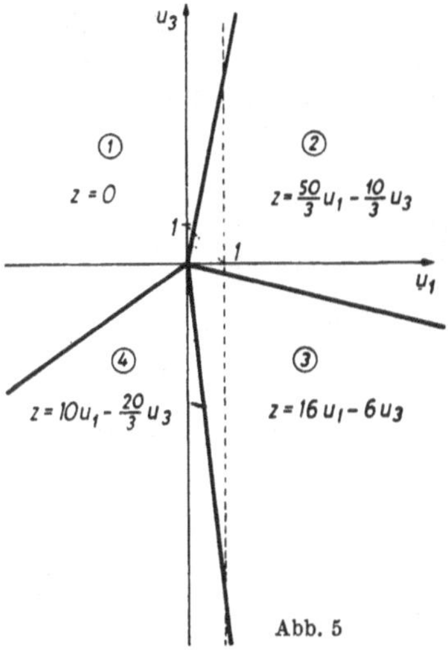

Abb. 5

In Abb. 5 ist das durch die Ungleichungssysteme (2.21) bis (2.24) beschriebene Ergebnis unserer Analyse des Beispiels 3 anschaulich dargestellt. Sie zeigt eine vollständige Einteilung der (u_1, u_3)-Ebene in vier zweidimensionale Kegel. Für alle Parameterpaare (u_1, u_3) aus jeweils einem Kegel besitzen die diesen Parametern zugehörigen Optimierungsaufgaben denselben Lösungspunkt (dessen Nummer ist in der Abbildung in den jeweiligen Kegeln eingetragen). Aus Abb. 5 ersieht man ebenfalls, daß die zu benachbarten Eckpunkten gehörenden Kegel benachbart sind, d. h., daß sie eine Kante gemeinsam haben. Die Punkte (u_1, u_3), die auf den berandenden Kanten zweier dieser Kegel liegen, führen zu linearen Optimierungsaufgaben, bei denen die diesen Kegeln zugeordneten Ecken beide gleichzeitig Optimalpunkte sind. In Abb. 5 sind auch die Werte z der Zielfunktion über den einzelnen Kegeln eingetragen; sie hängen innerhalb jedes der Kegel nicht mehr von x_1 und x_2 ab (diese Werte sind ja für jeden Kegel durch den zugehörigen Eckpunkt festgelegt), sie sind aber lineare Funktionen in u_1 und u_3 über dem jeweiligen Kegel. Die Zielfunktionswerte, die in unserem Beispiel für jedes Paar (u_1, u_3) definiert sind, lassen sich in einer drei-

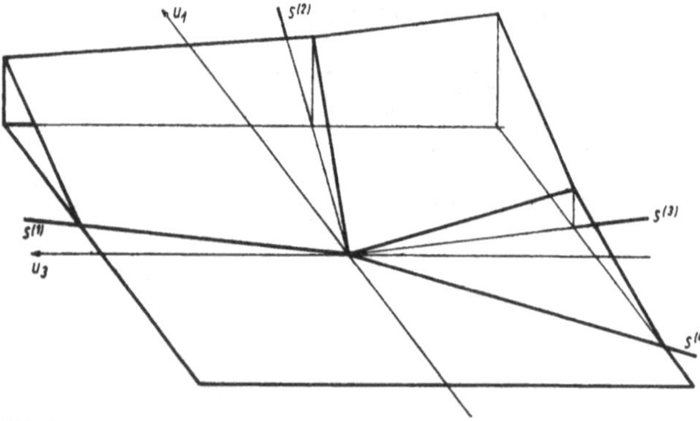

Abb. 6

dimensionalen Abbildung, d. h. in einem Raum mit den Koordinatenachsen u_1, u_3 und z als eine Fläche über der (u_1, u_3)-Ebene veranschaulichen. Das Bild in Abb. 6 zeigt, daß diese Fläche aus linearen Stücken zusammengesetzt und über der (u_1, u_3)-Ebene konvex ist.

Von der im Beispiel 3 gegebenen Aufgabenstellung her dürfte es ausreichen, das Problem nur für solche $u = (u_1, u_3)$ zu untersuchen, für die gilt

$$u_1 + u_3 = 1, \qquad u_1 \geqq 0, \qquad u_3 \geqq 0; \qquad (2.25)$$

d. h. die einer Restriktion der Form (2.14) genügen. Die beiden Ziele werden auf diese Weise in allen ökonomisch sinnvollen gegenseitigen Gewichtungen betrachtet. Das System (2.25) beschreibt eine Strecke in der (u_1, u_3)-Ebene mit den Eckpunkten (1, 0) und (0, 1); sie ist in Abb. 5 punktiert dargestellt. Diese Strecke hat nur mit den Kegeln 1 und 2 gemeinsame Punkte. Für eine Analyse würde es in unserem Fall also genügen, die durch die Eckpunkte 1 und 2 gegebenen Produktionspläne zu betrachten.

Zum Abschluß der Diskussion des Beispiels 3 sei noch angemerkt, daß die in Beispiel 2 ermittelte Zerlegung für den Parameter u (dargestellt in Abb. 2) auch aus Abb. 5 ablesbar ist, und zwar findet sie sich hier auf der gestrichelt gezeichneten Geraden $u_1 = 1$ (Beispiel 2 ergibt sich aus unserer eben behandelten Aufgabe, falls wir $u_1 = 1$ und $u_3 = u$ setzen).

Die Anzahl d der Parameter in der Zielfunktion (2.11) kann immer auf höchstens n reduziert werden. Um das zu verdeutlichen, notieren wir die Zielfunktion

$$z = \sum_{j=1}^{n} \left(\sum_{r=1}^{d} c_{rj} u_r \right) x_j$$

in Matrizenschreibweise:

$$z = (u_1, u_2, \ldots u_d) \begin{pmatrix} c_{11} c_{12} & \cdots & c_{1n} \\ c_{21} c_{22} & \cdots & c_{2n} \\ \ldots & \ldots & \ldots \\ c_{d1} c_{d2} & \cdots & c_{dn} \end{pmatrix} \begin{pmatrix} x_1 \\ \vdots \\ x_n \end{pmatrix} \quad (2.26)$$

Ist $d > n$, so lassen sich bekanntlich mindestens $d - n$ Zeilen der Matrix als Linearkombination der restlichen n Zeilen darstellen. Ohne Beschränkung der Allgemeinheit seien die ersten n Zeilen linear unabhängig; es gibt dann Zahlen $\beta_{l1}, \ldots, \beta_{ln}$ derart, daß für jede Zeile $(c_{l1}, \ldots, c_{ln})$ mit $l = n + 1, \ldots, d$ gilt

$$(c_{l1}, \ldots, c_{ln}) = \sum_{r=1}^{n} \beta_{lr} (c_{r1}, \ldots, c_{rn}), \quad (2.27)$$
$$l = n + 1, n + 2, \ldots, d.$$

Diese Beziehung ausnutzend, erhält man für die Zielfunktion

$$z = \sum_{j=1}^{n} \left(\sum_{r=1}^{n} c_{rj} u_r + \sum_{l=n+1}^{d} c_{lj} u_l \right) x_j$$

$$= \sum_{j=1}^{n} \left(\sum_{r=1}^{n} c_{rj} u_r + \sum_{l=n+1}^{d} \left(\sum_{r=1}^{n} \beta_{lr} c_{rj} \right) u_l \right) x_j$$

$$= \sum_{j=1}^{n} \left(\sum_{r=1}^{n} c_{rj} \left(u_r + \sum_{l=n+1}^{d} \beta_{lr} u_l \right) \right) x_j .$$

Führt man nun neue Parameter s_r ein,

$$s_r = u_r + \sum_{l=n+1}^{d} \beta_{lr} u_l , \qquad r = 1, \ldots, n, \tag{2.28}$$

so bekommt man für die Zielfunktion

$$z = \sum_{j=1}^{n} \left(\sum_{r=1}^{n} c_{rj} s_r \right) x_j , \tag{2.29}$$

d. h., die Zielfunktion hängt von den n Parametern $s_1, \ldots, s_n$ ab. Darüber hinaus kann die Anzahl der Parameter in (2.29) natürlich noch weiter reduziert werden, falls die maximale Anzahl der linear unabhängigen Zeilen in der betrachteten Matrix mit den Elementen c_{rj} kleiner als n ist.

Der für die lineare einparametrische Optimierung eingeführte Lösungsbegriff soll nun auf die allgemeine *Aufgabe vom Typ I* der linearen parametrischen Optimierung erweitert werden:

Unter einer *Lösung der Aufgabe* (2.11) *bis* (2.14) wird die Angabe einer solchen Einteilung der Menge U^d (evtl. des gesamten Parameterraumes R^d) in Untermengen $N, K^{(1)}, K^{(2)}, \ldots, K^{(H)}$, die im weiteren *Einteilungsmengen* genannt werden sollen, verstanden, die die nachstehenden Eigenschaften a), b) und c) besitzt:

a) Für jeden Vektor $(u_1, \ldots, u_d)$ aus der Menge N ist die sich aus (2.11) bis (2.13) ergebende Optimierungsaufgabe unlösbar.

b) Für alle $(u_1, \ldots, u_d)$ aus einer Menge $K^{(h)}$ mit $h \in \{1, 2, \ldots, H\}$ besitzen die sich für diese $(u_1, \ldots, u_d)$ aus der Aufgabe (2.11) bis (2.13) ergebenden linearen Optimierungsaufgaben denselben Eckpunkt des zulässigen Bereiches (2.12)/(2.13) als Lösungspunkt.

c) Die Untermengen $N, K^{(1)}, K^{(2)}, \ldots, K^{(H)}$ sind maximal, d. h., jede dieser Mengen umfaßt auch alle Vektoren $(u_1, \ldots, u_d)$ mit den Eigenschaften a) bzw. b).

In unserem letzten Beispiel stellt also die Angabe der vier Ungleichungssysteme (2.21) bis (2.24) bzw. Abb. 5 eine Lösung dar, die Menge N ist hier leer, die Mengen $K^{(1)}, \ldots, K^{(4)}$ sind polyedrische Kegel.

Für Aufgaben größeren Ausmaßes, d. h. für Aufgaben mit vielen Veränderlichen und Restriktionen, wird ein großer Rechenaufwand zu erwarten sein, um die soeben definierte Lösung zu bestimmen. Daher ist es zweckmäßig, sich auf gewisse – möglichst kleine – Teilbereiche U^d des Parameterraumes zu beschränken und eine Einteilung dieser U-Bereiche im Sinne der obigen Definition als Lösung anzusehen. Die Mengen U sind durch Bedingungen der Art (2.14) entweder vorgegeben, oder sie können – z. B. auf Grund vorhergehender heuristischer Überlegungen – festgelegt werden. Das wird aber von Aufgabe zu Aufgabe unterschiedlich zu handhaben sein. In der Diskussion weiterer Beispiele in Kapitel 3 finden sich dazu Vorschläge; in Beispiel 3 erschien es z. B. ausreichend, eine Einteilung für die Strecke (2.25) anzugeben.

2.2. *Die Aufgabe II*

Die allgemeine Aufgabe II der linearen parametrischen Optimierung hat die Gestalt

$$z = \sum_{j=1}^{n} c_j x_j \text{ maximal}, \tag{2.30}$$

wobei

$$\sum_{j=1}^{n} a_{ij}x_j \leqq \sum_{s=1}^{e} b_{is}v_s, \qquad i = 1, \ldots, m, \tag{2.31}$$

$$x_j \geqq 0, \qquad j = 1, \ldots, n, \tag{2.32}$$

$$(v_1, \ldots, v_e) \in V^e. \tag{2.33}$$

Der Unterschied zu einer Aufgabe der linearen Optimierung besteht darin, daß auf der rechten Seite des Ungleichungssystems (2.31) lineare homogene Funktionen der Größen $v_1, v_2, \ldots, v_e$ stehen. Die Vektoren $(v_1, v_2, \ldots, v_e)$ stammen dabei aus dem e-dimensionalen Parameterraum R^e bzw. — nach (2.33) — aus einer Teilmenge V^e des R^e. Es kann davon ausgegangen werden, daß die Anzahl e der Parameter v_s höchstens m ist; im Fall $e > m$ kann man auf analoge Weise wie im Abschnitt 2.1. bei der Aufgabe I durch eine Transformation die Anzahl der Parameter auf höchstens m verringern.

Spezielle parametrische Aufgaben vom Typ II ergeben sich, falls ein Parameter $v_{s'} = 1$ gesetzt wird; die rechte Seite von (2.31) wird dadurch zu einem inhomogenen linearen Ausdruck:

$$\sum_{j=1}^{n} a_{ij}x_j \leqq b_{is'} + \sum_{\substack{s=1 \\ s \neq s'}}^{e} b_{is}v_s, \qquad i = 1, \ldots, m. \tag{2.34}$$

Die Restriktionssysteme (2.31) bzw. (2.34) beschreiben in der Praxis häufig anzutreffende Sachverhalte. Die durch die Nebenbedingungen dort gegebenen Beschränkungen für die Variablen $x_1, \ldots, x_n$ drücken aus, daß die Schranken (beeinflußbaren oder nicht beeinflußbaren) Änderungen unterliegen können. Bei ökonomischen Problemen können so mit Hilfe der Parameter z. B. Abhängigkeiten von den Zulieferungen anderer Betriebe, von der Lage auf dem Außenmarkt oder vom Wetter modelliert werden.

Die Restriktionen einer einparametrischen linearen Aufgabe II bekommt man aus (2.34) für $e = 2$ und $s' = 2$:

$$\sum_{j=1}^{n} a_{ij}x_j \leqq b_{i2} + b_{i1}v_1, \qquad i = 1, \ldots, m. \tag{2.35}$$

Zwischen den parametrischen Aufgaben vom Typ I und Typ II besteht ein enger Zusammenhang. Wie bekannt, läßt sich jeder linearen Optimierungsaufgabe ein duales Problem zuordnen; dieser Sachverhalt ist auf die lineare parametrische Optimierung übertragbar. Dabei erkennt man, daß das duale Problem einer linearen parametrischen Aufgabe vom Typ I einer Aufgabe vom Typ II entspricht und umgekehrt (zu beachten ist, daß sich das Vorzeichen der Zielfunktion umkehrt – der primalen Maximumaufgabe entspricht eine duale Minimumaufgabe – und daß die Ungleichheitszeichen in den Restriktionen wechseln). Das im einzelnen zu verifizieren, sei hier dem Leser vorbehalten (vgl. dazu Kapitel 4). Dieser Zusammenhang kommt nun auch darin zum Ausdruck, daß sich der Lösungsbegriff für Aufgaben des Typs II in ähnlicher Form wie bei Aufgaben des Typs I definieren läßt.

Unter einer *Lösung einer linearen parametrischen Optimierungsaufgabe* II wird die Angabe einer solchen Einteilung der Menge V^e (evtl. des gesamten Parameterraumes R^e) in Untermengen $P, L^{(1)}, \ldots, L^{(S)}$, die wir im weiteren Einteilungsmengen nennen werden, verstanden, die die nachstehenden Eigenschaften a), b) und c) besitzen:

a) Für jeden Vektor $(v_1, \ldots, v_e)$ aus der Menge P ist die sich aus (2.30) bis (2.32) ergebende lineare Optimierungsaufgabe unlösbar.

b) Für alle Parametervektoren $(v_1, \ldots, v_e)$ aus einer Menge $L^{(s)}$ mit $s \in \{1, \ldots, S\}$ besitzen die sich für diese $(v_1, \ldots, v_e)$ aus der Aufgabe (2.30) bis (2.32) ergebenden linearen Optimierungsaufgaben dieselbe Lösungsstruktur. (Zwei Lösungen, d. h. zwei Optimalpunkte, heißen von gleicher Struktur, wenn für beide Punkte dieselben Ungleichungen in (2.31)/(2.32) als Gleichungen erfüllt sind.)

c) Die Untermengen $P, L^{(1)}, L^{(2)}, \ldots, L^{(S)}$ sind maximal, d. h., jede dieser Mengen umfaßt auch alle Vektoren $(v_1, \ldots, v_e)$ mit den Eigenschaften a) bzw. b).

Aus den bekannten Aussagen über duale lineare Optimierungsaufgaben läßt sich herleiten, daß die Lösungen im oben definierten Sinne für zwei zueinander duale lineare parametrische Optimierungsaufgaben unter einigen speziellen Annahmen, die insbesondere die Entartung des Restriktionsbereiches der Aufgaben vom Typ I ausschließen, übereinstimmen (vgl. dazu Kap. 4). Kurz gesagt, entspricht einer Parametermenge $K^{(h)}$ der Aufgabe I eine bestimmte Einteilungsmenge $L^{(s)}$ der Aufgabe II und der Parametermenge N aus der Lösung der Aufgabe *I* die Einteilungsmenge P aus der Lösung der Aufgabe II. Letzteres ergibt sich durch folgende Überlegung:

Wachsen die Werte der Zielfunktion einer linearen Optimierungsaufgabe über dem Restriktionsbereich unbeschränkt an, so ist im dazu dualen Problem – wie sich mit Hilfe des Dualitätsprinzips leicht zeigen läßt – die Restriktionsmenge leer und umgekehrt; beide Aufgaben sind also unlösbar.

Eine besondere Schlußfolgerung bekommt man noch für lineare parametrische Probleme vom Typ II: Sobald die Werte der Zielfunktion in einer linearen Optimierungsaufgabe, die sich für irgendein $(v_1, \ldots, v_e)$ aus R^e aus dem parametrischen Problem ergibt, über dem – durch dieses $(v_1, \ldots, v_e)$ bestimmten – Restriktionsbereich unbeschränkt anwachsen, sind auch alle die linearen Optimierungsaufgaben, die sich für jedes andere $(v_1, \ldots, v_e)$ aus R^e aus dem betrachteten parametrischen Problem ergeben, in dem gleichen Sinne unlösbar, d. h., $P = R^e$ und die gesuchte Einteilung ist bereits vollständig bestimmt.

Anhand der nachfolgenden Beispiele soll versucht werden, diese eben geschilderten Zusammenhänge an konkreten Aufgaben darzustellen und den Lösungsbegriff für parametrische Probleme vom Typ II zu veranschaulichen.

Dazu benutzen wir wieder Beispiel 1 aus Kapitel 1. Wir setzen dort $u_1 = 1$, $u_2 = u_3 = 0$, $v_1 = v$, $v_2 = 0$, $v_3 = 1$ und $x_3 = 0$. Damit ergibt sich

Beispiel 4:

$$z = 3x_1 + 5x_2 \quad \text{maximal,} \tag{2.36}$$

wobei

$$\begin{aligned} &(1) & 2x_1 + 3x_2 &\leqq 8v + 10, \\ &(2) & 2x_2 &\leqq 10v + 12, \\ &(3) & 3x_1 + 2x_2 &\leqq 16v + 10, \\ &(4) & x_1 &\geqq 0, \\ &(5) & x_2 &\geqq 0. \end{aligned} \tag{2.37}$$

Für gewisse ausgewählte Werte von v sind die sich ergebenden Restriktionsbereiche in Abb. 7a bis 7d dargestellt. Der jeweils zulässige Bereich ist stark umrandet, die Lage der Zielfunktion wird durch eine gestrichelte Höhenlinie angedeutet. Mit den in Klammern stehenden Ziffern (1) bis (5) sind die Restriktionsgleichungen durchnumeriert; sie dienen der Auffindung der entsprechenden Halbräume in Abb. 7a bis 7d und gleichzeitig der Kennzeichnung der diese Halbräume begrenzenden Geraden (die an den Geraden angebrachten Pfeile weisen immer in das Innere der zugehörigen Halbräume).

Eine Veränderung der Werte v entspricht einer Parallelverschiebung der den Restriktionsbereich definierenden Halbräume aus (2.37). Voneinander verschiedene Werte von v führen also zu unterschiedlichen zulässigen Bereichen mit im allgemeinen auch anderen Eckpunkten; die zugehörigen linearen Optimierungsaufgaben besitzen

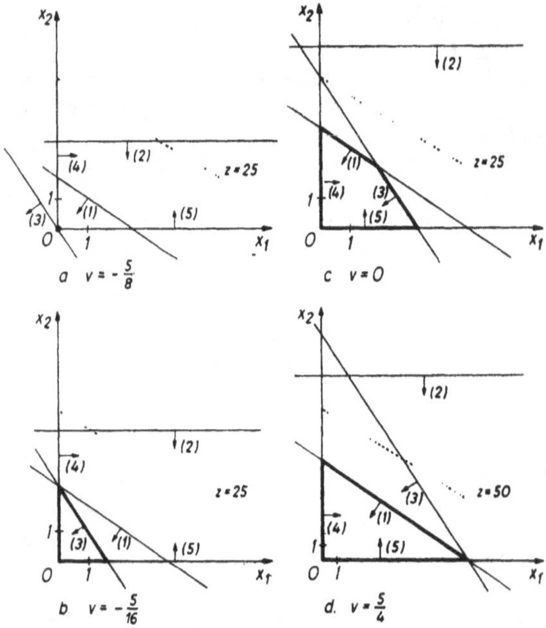

Abb. 7

damit allgemein für unterschiedliche Werte v unterschiedliche zulässige Eckpunkte als optimale Lösungen.

Die bei parametrischen Aufgaben vom Typ I gestellte Frage nach der Gesamtheit der Parameter, für die ein bestimmter Eckpunkt optimale Lösung der zugehörigen Optimierungsprobleme ist, führt also hier offenbar zu keiner sinnvollen Einteilung des Parameterraumes. Eine solche erhalten wir aber für das Beispiel 4, wenn wir entsprechend der oben gegebenen Lösungsdefinition nach allen den Parametern v fragen, für die im optimalen Lösungspunkt der zugehörigen linearen Optimierungsaufgaben dieselben Restriktionsungleichungen als Gleichungen erfüllt sind bzw. in der Sprache unserer Abb. 7, für die der Lösungspunkt Schnittpunkt von solchen

Geraden ist, die dieselben Nummern tragen. So ist in allen linearen Optimierungsaufgaben, die wir aus unserem Beispiel erhalten, wenn wir für v eine Zahl größer als $-5/16$ einsetzen, der jeweils durch die Geraden (1) und (4) bestimmte Eckpunkt optimal. Für $v = -5/16$ entartet „dieser" Eckpunkt, in ihm schneiden sich drei Geraden, nämlich die zu (1), (3) und (4) gehörenden. Stammt v aus dem Intervall $\left[-\frac{5}{8}, -\frac{5}{16}\right]$, so liefert jeweils der durch (4) und (3) erzeugte Eckpunkt einen maximalen Wert für die Zielfunktion usw. Die Menge P ist nicht leer, denn für alle $v < -5/8$ ist der Restriktionsbereich wegen Ungleichung (3) leer. Für $v = -5/8$ entartet das Restriktionspolyeder zu einem Punkt.

	$v < -\frac{5}{8}$	$v = -\frac{5}{8}$	$-\frac{5}{8} < v < -\frac{5}{16}$	$v = -\frac{5}{16}$	$v > -\frac{5}{16}$
	der zulässige Bereich ist leer		$x_1 = 0$ $x_2 = 8v + 5$ $z = 40v + 25$		$x_1 = 0$ $x_2 = \frac{8}{3}v + \frac{10}{3}$ $z = \frac{40}{3}v + \frac{50}{3}$
im Optimalpunkt der sich ergebenden linearen Optimierungsaufgaben als Gleichung erfüllte Nebenbedingungen:		(3) (4) (5)	(3) (4)	(1) (3) (4)	(1) (4)

Abb. 8

In Abb. 8 wird eine Übersicht gegeben, für welche Werte von v sich jeweils dieselbe Lösungsstruktur ergibt; sie zeigt eine Einteilung der v-Achse, die in unserem Beispiel den Parameterraum repräsentiert, und liefert damit die Lösung für die Aufgabe (2.36) bis (2.37). Unter den Intervallen und Einteilungspunkten sind jeweils die Nummern der Restriktionen angegeben, die in den entsprechenden Optimierungsaufgaben im optimalen Lösungspunkt als Gleichungen erfüllt sind; oberhalb der Intervalle stehen die Koordinaten dieser Lösungspunkte und die Werte z der Zielfunktion (2.36).

Der oben mit Hilfe von Dualitätsaussagen hergestellte Zusammenhang zwischen parametrischen Aufgaben vom Typ I und Typ II soll nun am Beispiel 4 demonstriert werden. Die zu ihm duale Aufgabe lautet:

$$z = (8v + 10)\, y_1 + (10v + 12)\, y_2 + (16v + 10)\, y_3 \quad \text{minimal}, \tag{2.38}$$

wobei

$$\begin{array}{ll} (4') & 2y_1 \qquad\qquad + 3y_3 \geqq 3, \\ (5') & 3y_1 + 2y_2 + 2y_3 \geqq 5, \\ (1') & \qquad\qquad\qquad y_1 \geqq 0, \\ (2') & \qquad\qquad\qquad y_2 \geqq 0, \\ (3') & \qquad\qquad\qquad y_3 \geqq 0; \end{array} \tag{2.39}$$

die Restriktion (1′) ist dabei dual zur Restriktion (1) in (2.37), die Restriktion (2′) dual zu (2), usw.

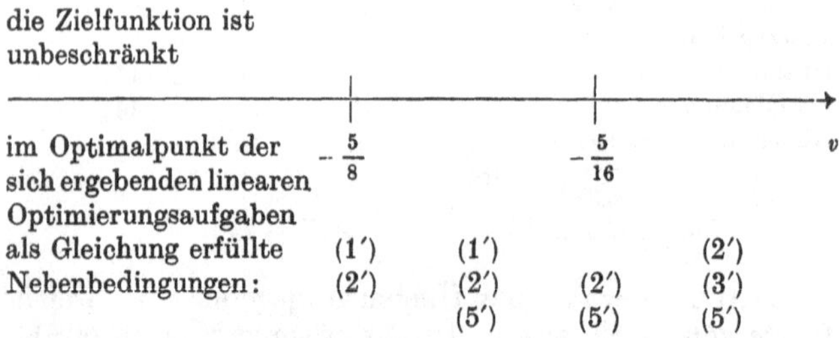

Abb. 9

Als Lösung für die Aufgabe (2.38)/(2.39) erhält man — wobei im Rahmen dieses Kapitels nicht auf deren Bestimmung eingegangen werden soll — die in Abb. 9

dargestellte Einteilung. Die Kennzeichnung der Intervalle unterscheidet sich hier formal von der in Abb. 2 für eine Aufgabe des Typs I benutzten Kennzeichnung. Sie sagt aber das gleiche aus, denn jeder Eckpunkt wird gerade durch die Restriktionen festgelegt, die an dieser Stelle als Gleichungen erfüllt sind.

Die Zuordnung der einzelnen Intervalle zu Eckpunkten derselben Struktur des dualen Restriktionspolyeders (2.39) ergibt sich unmittelbar: Während für die Parameter v aus dem Intervall $[-5/16, +\infty)$ in den primalen Aufgaben gerade die Restriktionen (1) und (4) im Lösungspunkt als Gleichungen erfüllt sind, gehen für diese v in der dualen Aufgabe die dualen Nebenbedingungen der Komplementärmenge (2), (3) und (5) in Gleichungen über, d. h., für alle v aus dem betrachteten Intervall ist der durch (2′), (3′) und (5′) festgelegt Eckpunkt optimaler Lösungspunkt der zugehörigen Optimierungsaufgaben. Im Einteilungspunkt $v = -5/16$ besitzt die entsprechende primale Aufgabe eine Entartung (die durch (1), (3) und (4) gekennzeichneten Geraden schneiden sich in einem Punkt, dem optimalen Lösungspunkt). Bei der dualen Aufgabe wird das Optimum für dieses v auf einer ganzen Seite angenommen (die Restriktionen (2′) und (5′) sind als Gleichungen erfüllt).

Zum Abschluß dieses Abschnitts soll noch darauf hingewiesen werden, daß es für konkrete Aufgaben von parametrischen Problemen des Types II auf Grund des Umfanges der Berechnungen oft nicht möglich sein wird, eine vollständige Lösung zu ermitteln, d. h., man wird sich auf die Angabe der Einteilung einer bestimmten Teilmenge V^e des Parameterraumes R^e beschränken müssen (vgl. (2.33)).

2.3. *Die Aufgabe III*

Treten bei linearen Optimierungsaufgaben Parameter sowohl in der Zielfunktion als auch in den rechten Seiten der Restriktionen auf, sprechen wir von linearen parametrischen Aufgaben des Typs III. Die allgemeine Aufgabe III hat die Form

$$z = \sum_{j=1}^{n} \left(\sum_{r=1}^{d} c_{rj} u_r \right) x_j \qquad \text{maximal}, \tag{2.40}$$

wobei

$$\begin{aligned} \sum_{j=1}^{n} a_{ij} x_j &\leqq \sum_{s=1}^{d} b_{is} v_s, \qquad i = 1, \ldots, m, \\ x_j &\geqq 0, \qquad j = 1, \ldots, n, \end{aligned} \tag{2.41}$$

$$\begin{aligned} (u_1, \ldots, u_d) &\in U^d, \\ (v_1, \ldots, v_e) &\in V^e. \end{aligned} \tag{2.42}$$

Die hier zur Beschreibung benutzten Symbole haben dieselbe Bedeutung wie bei den oben angegebenen Aufgaben vom Typ I bzw. Typ II. Es kann wieder angenommen werden, daß die Zahlen d bzw. e nicht größer als n bzw. m sind. Für jedes festgewählte Paar von Parameterpunkten $(u\ , \ldots, u_d)$, $(v_1, \ldots, v_e)$ geht die Aufgabe (2.40) bis (2.42) in eine gewöhnliche lineare Optimierungsaufgabe über; wird nur der Parameterpunkt $(u_1, \ldots, u_d)$ festgelegt, so erhält man eine parametrische Aufgabe vom Typ II, wird nur der Parameterpunkt $(v\ , \ldots, v_e)$ festgelegt, so erhält man eine parametrische Aufgabe vom Typ I. Läßt man eine gleichzeitige Veränderung beider Parameterpunkte zu, so kommt es zu einer Kombination der bei den parametrischen Aufgaben I und II beschriebenen Erscheinungen.

In Verallgemeinerung der für die parametrischen Aufgaben vom Typ I und Typ II festgelegten Lösungsbegriffe können wir die Lösung für parametrische Aufgaben des Typs III wie folgt definieren:

Unter einer *Lösung einer linearen parametrischen Aufgabe vom Typ* III wird die Angabe einer solchen Aufteilung der Menge $U^d \times V^e$ (evtl. des gesamten Produktraums $R^d \times R^e$) in Einteilungsmengen T und

$M^{(1)}, \ldots, M^{(L)}$ verstanden, die die nachstehenden Eigenschaften a), b) und c) besitzt:

a) Für jedes Paar von Parameterpunkten $(u_1, \ldots, u_d)$, $(v_1, \ldots, v_e)$ aus der Einteilungsmenge T ist die aus (2.40)/(2.41) folgende lineare Optimierungsaufgabe unlösbar.

b) Für alle Paare von Parameterpunkten $(u_1, \ldots, u_d)$, $(v_1, \ldots, v_e)$ aus einer Einteilungsmenge $M^{(l)}$ mit $l \in \{1, \ldots, L\}$ besitzen die sich aus (2.40)/(2.41) ergebenden linearen Optimierungsaufgaben dieselbe Lösungsstruktur. (Aus (2.40)/(2.41) folgende lineare Optimierungsprobleme heißen von *gleicher Lösungsstruktur*, falls sie optimale Lösungen besitzen, für die dieselben unter (2.41) stehenden Ungleichungen als Gleichungen erfüllt sind.)

c) Die Einteilungsmengen $T, M^{(1)}, \ldots, M^{(L)}$ sind maximal, d. h., sie umfassen auch alle Paare von Parameterpunkten $(u_1, \ldots, u_d)$, $(v_1, \ldots, v_e)$ mit den Eigenschaften a) bzw. b).

Die Lösungsbegriffe für parametrische Aufgaben vom Typ I und Typ II folgen unmittelbar aus dieser Definition. Es sei z. B. im R^e der Parameterpunkt $(v_1^0, \ldots, v_e^0)$ festgelegt. Die Nebenbedingungen (2.41) beschreiben dann, falls die erhaltene Restriktionsmenge nicht leer ist, ein konvexes Polyeder im R^n. Da ein Eckpunkt dieses Polyeders im Falle der Nichtentartung gerade durch die Erfüllung genau bestimmter Ungleichungen aus (2.41) als Gleichungen definiert ist, läßt sich die Frage nach linearen Aufgaben mit demselben Eckpunkt als optimalem Lösungspunkt durch die Frage nach linearen Aufgaben einer bestimmten gleichen Lösungsstruktur ersetzen (die umgekehrte Ersetzung der Fragestellungen würde offensichtlich eine Abänderung des oben gegebenen Begriffs gleicher Lösungsstrukturen erfordern).

Einige einfache Eigenschaften der in der Lösungsdefinition geforderten Aufteilung des Parameterraumes lassen sich sofort erschließen. Ist die für ein bestimmtes Paar von Parameterpunkten $(u_1^0, \ldots, u_d^0)$, $(v_1^0, \ldots, v_e^0)$

aus (2.40)/(2.41) folgende Optimierungsaufgabe unlösbar, weil der Restriktionsbereich leer ist, so folgt dieselbe Aussage auch für jedes beliebige Paar $(u_1, \ldots, u_d)$, $(v_1^0, \ldots, v_e^0)$. Ist die sich ergebende Aufgabe unlösbar, weil die Zielfunktion über dem Restriktionsbereich unbeschränkt wächst, so gilt das auch für alle Paare $(u_1^0, \ldots, u_d^0)$, $(v_1, \ldots, v_e)$. In beiden Fällen bekommt man, daß mit einem in der Einteilungsmenge T liegenden Parameterpunkt gleichzeitig ein ganzer Unterraum des Produktraumes $R^d \times R^e$ zu T gehört.

Ein Beispiel einfachster Art für eine parametrische Aufgabe vom Typ III erhält man, wenn die Zielfunktion aus Beispiel 2 und die Nebenbedingungen des Beispiels 4 genommen werden.

Beispiel:

$$z = (3 - 2u)\, x_1 + (5 - u)\, x_2 \qquad \text{maximal}, \tag{2.43}$$

wobei

$$\begin{aligned} 2x_1 + 3x_2 &\leqq 8v + 10, \\ 2x_2 &\leqq 10v + 12, \\ 3x_1 + 2x_2 &\leqq 16v + 10, \\ x_1, x_2 &\geqq 0. \end{aligned} \tag{2.44}$$

Auf eine Lösung dieser Aufgabe soll an dieser Stelle verzichtet werden; wir werden sie in Kap. 5 eingehend behandeln und die Aufteilung des Produktraumes der Parameter, hier also der zweidimensionalen (u, v)-Ebene, berechnen. Teile der Lösung kennen wir bereits: Beispiel 4 gibt uns die Lösung für alle Zahlenpaare (u, v) mit $u = 0$ und $v \in R^1$ (vgl. dazu Abb. 8) und Beispiel 2 für alle Zahlenpaare (u, v) mit $u \in R^1$ und $v = 0$ (vgl. dazu Abb. 2). Die Zusammenfassung dieser Teilergebnisse für unser Beispiel (2.43)/(2.44) findet sich in Abb. 22 in Kap. 5.

3. Lineare parametrische Optimierungsaufgaben mit Parametern in der Zielfunktion

3.1. Grundlagen

Die Untersuchung linearer mehrparametrischer Probleme geht von Aussagen der linearen Optimierung aus. Bereits bei der Behandlung der Beispiele im vorangegangenen Kapitel wurde ausgenutzt, daß die gestellten Aufgaben für festgewählte Parametervektoren in lineare Optimierungsaufgaben übergehen. Im weiteren wird von uns nun speziell die Simplexmethode zur Behandlung linearer parametrischer Aufgaben herangezogen. Das schränkt zwar die Allgemeinheit der Untersuchung ein, es erlaubt uns aber, den Stoff einmal knapp und zum anderen im Zusammenhang mit einem bekannten Rechenverfahren darzustellen.

Ein Problem der linearen Optimierung läßt sich in nachstehender Form darstellen:

$$z = \sum_{j=1}^{n} c_j x_j \qquad \text{maximal,} \tag{3.1}$$

wobei

$$\sum_{j=1}^{n} a_{ij} x_j \leqq b_i, \qquad i = 1, 2, \ldots, m, \tag{3.2}$$

$$x_j \geqq 0, \qquad j = 1, \ldots, n. \tag{3.3}$$

Die Nebenbedingungen (3.2)/(3.3) beschreiben, falls es überhaupt zulässige, d. h. diesem Ungleichungssystem genügende Punkte $(x_1, x_2, \ldots, x_n)$ gibt, ein konvexes Polyeder im n-dimensionalen euklidischen Raum R^n. Dieses Polyeder ist der Durchschnitt der den einzelnen Ungleichungen in (3.2)/(3.3) entsprechenden Halbräume. Für einen Punkt $(x_1, x_2, \ldots, x_n)$ auf dem Rande des Polyeders ist mindestens eine Nebenbedingung aus dem System (3.2)/(3.3) als Gleichung erfüllt; insbesondere sind in einem Eckpunkt des Polyeders wenigstens n

Nebenbedingungen als Gleichungen erfüllt. (Wegen (3.3) besitzt das entsprechende Polyeder — soweit es nicht leer ist — stets Eckpunkte.)

Den Eckpunkten kommt in der linearen Optimierung eine besondere Bedeutung zu: Das Maximum der Zielfunktion (3.1) wird, falls es über dem durch die Ungleichungen (3.2)/(3.3) beschriebenen Polyeder existiert, in wenigstens einem der Eckpunkte dieses Polyeders angenommen. Die Gesamtheit der zulässigen Punkte des Systems (3.2)/(3.3), in denen (3.1) das Maximum erreicht, bezeichnen wir als *Optimalmenge* der Aufgabe und ihre Elemente als *optimale Lösungspunkte.*

Zur Bestimmung optimaler Punkte der Aufgabe (3.1) bis (3.3) lassen sich Simplexverfahren heranziehen. Dazu ordnet man der Ausgangsaufgabe durch Einführung von sog. Schlupfveränderlichen ein erweitertes Problem zu:

$$z = \sum_{j=1}^{n} c_j x_j \qquad \text{maximal}, \tag{3.1'}$$

wobei

$$\sum_{j=1}^{n} a_{ij} x_j + y_i = b_i, \qquad i = 1, \ldots, m, \tag{3.2'}$$

$$x_j \geqq 0, \qquad j = 1, \ldots, n, \tag{3.3'}$$

$$y_i \geqq 0, \qquad i = 1, \ldots, m. \tag{3.4'}$$

Das System der Nebenbedingungen (3.2)' bis (3.4)' beschreibt wiederum ein Polyeder, aber hier im R^{n+m}. Zwischen der ursprünglichen Aufgabe und der erweiterten bestehen eine Reihe von Äquivalenzen: Einem zulässigen Punkt $(x_1, \ldots, x_n)$ des einen Problems entspricht genau ein zulässiger Punkt $(x_1, \ldots, x_n, y_1, \ldots, y_m)$ des anderen, einem Eckpunkt des durch (3.2)/(3.3) beschriebenen Polyeders genau ein Eckpunkt des Polyeders (3.2)' bis (3.4)', einem optimalen Punkt des Ausgangsproblems genau ein optimaler Punkt des erweiterten Problems, usw. Im weiteren werden wir uns daher, wenn auch mit dem Simplexverfahren gearbeitet wird, also mit einer erweiterten Aufgabe im obigen Sinne, stets auf Sachverhalte in dem durch (3.2)/(3.3) beschriebenen Polyeder beziehen können.

Grundidee der Simplexverfahren ist es, (nach Auffinden eines ersten zulässigen Eckpunktes) in jedem Schritt von einem Eckpunkt des durch (3.2)′ bis (3.4)′ beschriebenen Polyeders — das ist in der Sprache der linearen Optimierung eine zulässige Basislösung — zu einem benachbarten Eckpunkt dieses Polyeders überzugehen. Die Auswahl des benachbarten Eckpunktes erfolgt dabei so, daß der Wert der Zielfunktion (3.1) anwächst. Auf Grund des oben Gesagten entspricht diesem Vorgehen ebenfalls ein Übergang von einem Eckpunkt zu einem benachbarten in dem durch (3.2)/(3.3) beschriebenen Polyeder. Den in dieser Iteration auftretenden Eckpunkten entsprechen die Simplextabellen, die Übergänge erfolgen mit Hilfe der Simplextransformationen.

Tabelle 2

	x_1	x_2	$\cdots$	x_n	
y_1	a_{11}	a_{12}	$\cdots$	a_{1n}	b_1
y_2	a_{21}	a_{22}	$\cdots$	a_{2n}	b_2
			$\cdots$		
y_m	a_{m1}	a_{m2}	$\cdot$	a_{mn}	b_m
	c_1	c_2		c_n	0

Als Ausgangstableau für die Anwendung eines Simplexverfahrens auf das Problem (3.1)′ bis (3.4)′ und damit auch auf unser Problem (3.1) bis (3.3) kann Tab. 2 dienen. Eine Folge von noch zu beschreibenden Austauschschritten (den sog. Simplextransformationen) möge Tab. 2 in Tab. 3 überführen. Dabei haben wir unterstellt, daß gerade die Zeilen bzw. Spalten $1, 2, \ldots, r$ ausgetauscht wurden. Das läßt sich durch eine geeignete Numerierung stets erreichen. Die transformierten Werte sind zur besseren Unterscheidung durch beigefügte Querstriche gekennzeichnet. Wir nehmen an, daß die Transformationen von Tab. 2 nach Tab. 3 so durchgeführt worden sind, daß in letzterer $\bar{b}_i \geqq 0$ für $i = 1, 2, \ldots, m$ gilt (das ist

Tabelle 3

	y_1		y_r	x_{r+1}	·	x_n	
x_1	$\bar{a}_{11}$		$\bar{a}_{1r}$	$\bar{a}_{1,r+1}$	·	$\bar{a}_{1n}$	$\bar{b}_1$
x_r	$\bar{a}_{r1}$		$\bar{a}_{rr}$	$\bar{a}_{r,r+1}$	$\cdots$	$\bar{a}_{rn}$	$\bar{b}_r$
y_{r+1}	$\bar{a}_{r+1\,1}$		$\bar{a}_{r+1,r}$	$\bar{a}_{r+1,r+1}$		$\bar{a}_{r+1,n}$	$\bar{b}_{r+1}$
y_m	$\bar{a}_{m1}$		$\bar{a}_{mr}$	$\bar{a}_{m,r+1}$	·	$\bar{a}_{mn}$	$\bar{b}_m$
	$\bar{c}_1$	·	$\bar{c}_r$	$\bar{c}_{r+1}$	·	$\bar{c}_n$	$\bar{\bar{z}}$

immer dann möglich, wenn die Aufgabe (3.1) bis (3.3) überhaupt zulässige Punkte besitzt). Tab. 3 entspricht somit einem zulässigen Eckpunkt des durch (3.2)/(3.3) beschriebenen Polyeders, nämlich dem Punkt mit den Koordinaten

$$\begin{aligned} x_1 = \bar{b}_1, \quad x_2 = \bar{b}_2, \ldots, \quad x_r = \bar{b}_r, \\ x_{r+1} = x_{r+2} = \cdots = x_n = 0. \end{aligned} \tag{3.4}$$

Dieser Punkt ist bei der angenommenen Numerierung Schnittpunkt der durch die folgenden (dem System (3.2)/(3.3) entnommenen) Gleichungen repräsentierten n Hyperebenen

$$\begin{aligned} \sum_{j=1}^{n} a_{ij} x_j = b_i, \qquad & i = 1, 2, \ldots, r, \\ x_j = 0, \qquad & j = r+1, r+2, \ldots, n. \end{aligned} \tag{3.5}$$

Als Wert der Zielfunktion im Punkte (3.4) ist aus Tab. 3 die Größe $-\bar{\bar{z}}$ ablesbar. (Die Bezeichnung $\bar{z}$ mußte eingeführt werden, da aus der von uns benutzten Simplextabelle nur der negative Wert der Zielfunktion in dem betreffenden Punkt ablesbar ist, es ist also $z = -\bar{z}$.)

Ist in der charakteristischen Zeile von Tab. 3 keine der Größen $\bar{c}_j$, $j = 1, \ldots, n$, positiv, so gehört der Punkt (3.4) — nach dem bekannten Kriterium — der Optimalmenge der Aufgabe (3.1) bis (3.3) an, in diesem Punkt $(\bar{b}_1, \ldots, \bar{b}_r, 0, \ldots, 0)$ nimmt die Zielfunktion (3.1) über dem durch die Nebenbedingungen (3.2)/(3.3) beschriebenen Restriktionsbereich ihr Maximum an. Liegt der durch Tab. 3 repräsentierte zulässige Eckpunkt nicht in der Optimalmenge der betrachteten Aufgabe, so ist mindestens ein $\bar{c}_j$, $j \in \{1, \ldots, n\}$, positiv. In diesem Fall wird versucht, durch einen Austauschschritt (eine Simplextransformation) einen zu dem durch Tab. 3 repräsentierten Eckpunkt (3.4) benachbarten, bezüglich der Zielfunktion (3.1) günstigeren Eckpunkt zu bestimmen. Die letzterem entsprechende neue Simplextabelle ergibt sich aus Tab. 3 in folgender Weise:

a) Auswahl einer e-ten Austauschspalte mit

$$\bar{c}_e = \max_j \{\bar{c}_j\}, \qquad \bar{c}_j > 0. \tag{3.6}$$

Das bedeutet anschaulich: Auswahl derjenigen vom vorliegenden Eckpunkt (3.4) ausgehenden Kante des Restriktionspolyeders, längs derer eine möglichst große Verbesserung des Wertes der Zielfunktion (3.1) zu erwarten ist; die e-te Hyperebene (vgl. die Darstellung (3.5)) wird damit verlassen $(e \in \{1, 2, \ldots, r, r + 1, \ldots, n\}$.

b) Auswahl einer f-ten Austauschzeile mit

$$\frac{\bar{b}_f}{\bar{a}_{fe}} = \min_i \left\{\frac{\bar{b}_i}{\bar{a}_{ie}}\right\}, \qquad \bar{a}_{ie} > 0. \tag{3.7}$$

Das bedeutet anschaulich: Sofern mindestens ein $\bar{a}_{ie}$ in der e-ten Spalte positiv ist, kann der benachbarte Eckpunkt im Restriktionspolyeder (3.2)/(3.3) festgelegt werden. Er wird durch die Hyperebenen mit den Nummern $1, 2, \ldots, e-1, e+1, \ldots, n$ aus (3.5) und die hinzukommende Hyperebene mit der Nummer f bestimmt, wobei f die Nummer einer der bisherigen Basisveränderlichen in Tab. 3 ist und die Hyperebene entweder durch

$$x_f = 0, \quad \text{falls} \quad f \leqq r,$$

oder durch

$$\sum_{j=1}^{n} a_{fj} x_j = b_f, \quad \text{falls} \quad f > r,$$

beschrieben wird.

c) Die bekannte Simplextransformation mit dem Hauptelement $\bar{a}_{fe}$ ergibt dann in der Austauschzeile f

$$\bar{\bar{a}}_{fe} = \frac{1}{\bar{a}_{fe}},$$

$$\bar{\bar{a}}_{fj} = \frac{\bar{a}_{fj}}{\bar{a}_{fe}}, \qquad j \neq e,$$

$$\bar{\bar{b}}_f = \frac{\bar{b}_f}{\bar{a}_{fe}},$$

in der Austauschspalte e

$$\bar{\bar{a}}_{ie} = -\frac{\bar{a}_{ie}}{\bar{a}_{fe}}, \qquad i \neq f,$$

$$\bar{\bar{c}}_e = -\frac{\bar{c}_e}{\bar{a}_{fe}},$$

und für alle anderen Elemente

$$\bar{\bar{a}}_{ij} = \bar{a}_{ij} - \frac{\bar{a}_{fj}\bar{a}_{ie}}{\bar{a}_{fe}} \qquad i \neq f, \qquad j \neq e,$$

$$\bar{\bar{b}}_i = \bar{b}_i - \frac{\bar{b}_f \bar{a}_{ie}}{\bar{a}_{fe}}, \qquad i \neq f,$$

$$\bar{\bar{c}}_j = \bar{c}_j - \frac{\bar{a}_{fj}\bar{c}_e}{\bar{a}_{fe}}, \qquad j \neq e.$$

Der negativ genommene Wert $\bar{\bar{z}}$ der Zielfunktion im ermittelten benachbarten Eckpunkt ist nach

$$\bar{\bar{\bar{z}}} = \bar{\bar{z}} - \bar{b}_f \cdot \frac{\bar{c}_e}{\bar{a}_{fe}}$$

zu berechnen.

3.2. *Die zweiparametrische Aufgabe*

Es soll nun untersucht werden, inwieweit Überlegungen aus der Theorie der linearen Optimierung, speziell Eigenschaften der Simplexverfahren, wie sie eben dargelegt wurden, zur Bestimmung der Lösung linearer mehrparametrischer Aufgaben herangezogen werden können. (Dem Leser sei empfohlen, sich hier noch einmal den in Kap. 2 definierten und gegenüber der linearen Optimierung völlig anderen Typ des Lösungsbegriffs in der parametrischen Optimierung zu vergegenwärtigen.)

Wir betrachten die Aufgabe

$$z = \sum_{j=1}^{n} (u_1 c_{1j} + u_2 c_{2j})\, x_j \qquad \text{maximal,}$$

wobei

$$\begin{aligned} \sum_{j=1}^{n} a_{ij} x_j &\leqq b_i, \qquad i = 1, \ldots, m, \\ x_j &\geqq 0, \qquad j = 1, \ldots, n, \\ (u_1, u_2) &\in U^2. \end{aligned} \tag{3.8}$$

Der Restriktionsbereich dieser Aufgabe für die Punkte $(x_1, \ldots, x_n)$ des Raumes R^n unterscheidet sich nicht von demjenigen der Aufgabe (3.1) bis (3.3) im Abschnitt 3.1. Die Aufgabe (3.8) ist jedoch insgesamt nach den von uns gewählten Bezeichnungen (vgl. Kap. 2) eine mehrparametrische Aufgabe des Typs I, nämlich eine Aufgabe mit den Parametern u_1 und u_2 aus einer vorgegebenen Teilmenge U^2 des R^2 (bzw. aus dem gesamten R^2) in der Zielfunktion. Für ein festgewähltes Parameterpaar

(u_1^0, u_2^0) geht das Problem (3.8) in eine Aufgabe der linearen Optimierung über. Diese läßt sich mit der Simplexmethode lösen, d. h., man bestimmt entweder einen optimalen Punkt $(x_1^0, \ldots, x_n^0)$ dieser Aufgabe bzw. erhält die Aussage, daß sie unlösbar ist. Man kann nun die Frage anschließen, ob es weitere Parameterpaare (u_1, u_2) gibt, für die die Aufgabe (3.8) in solche lineare Optimierungsaufgaben übergeht, die den Punkt $(x_1^0, \ldots, x_n^0)$ ebenfalls als optimalen Punkt besitzen bzw. für die diese Aufgaben ebenfalls unlösbar sind, vgl. dazu die Behandlung der Beispiele in Kap. 2.

Zunächst wollen wir aber eine andere Fragestellung untersuchen; es interessiert uns, ob sich die Aufgabe (3.8) wie die im Eingangsabschnitt angegebene lineare Optimierungsaufgabe Simplextransformationen unterwerfen läßt. Dazu denken wir uns ein Ausgangstableau, in das statt der Koeffizienten c_j in der charakteristischen Zeile die Ausdrücke $u_1c_{1j} + u_2c_{2j}$, $j = 1, 2, \ldots, n$, eingetragen sind. Einer kürzeren Schreibweise halber werden wir für diese Ausdrücke die Kurzbezeichnung C_j einführen, d. h.

$$C_j = u_1c_{1j} + u_2c_{2j}.$$

Was passiert, wenn die eingangs dieses Kapitels angegebenen Rechenregeln a), b) und c) jetzt angewendet werden?

Das Auswahlkriterium a) sei zunächst ausgeklammert. Über die Festlegung der für den Austausch interessanten Spaltennummer wird später etwas gesagt.

Das Kriterium b) bleibt unverändert; auch eine Folge von Transformationen läßt, wie wir im folgenden sehen, die Größen in der Koeffizientenmatrix und auf der rechten Seite der Simplextableaus parameterunabhängig. Das ist geometrisch einleuchtend: Die Parameter u_1, u_2 beeinflussen nicht die Gestalt des zulässigen Bereichs.

Die unter c) angegebenen Transformationsvorschriften haben zwei aus unserer Sicht wesentliche Eigenschaften.

1. Mit den (jetzt parameterabhängigen) Koeffizienten $\bar{C}_j = u_1\bar{c}_{1j} + u_2\bar{c}_{2j}$ in der charakteristischen Zeile sind nur diese Koeffizienten selbst und der Wert die Zielfunktion verknüpft; die Parameter können also nicht in die Koeffizientenmatrix und die rechten Seiten eindringen.

2. Mit parameterabhängigen Werten werden nur Additionen (Subtraktionen) ausgeführt; ursprünglich lineare Ausdrücke bleiben also linear.

Das läßt sich leicht zeigen. Statt

$$\bar{\bar{c}}_e = -\frac{\bar{c}_e}{\bar{a}_{fe}}$$

haben wir jetzt

$$\bar{\bar{C}}_e = -\frac{\bar{C}_e}{\bar{a}_{fe}} = -\frac{(u_1\bar{c}_{1e} + u_2\bar{c}_{2e})}{\bar{a}_{fe}}$$

$$= -u_1\frac{\bar{c}_{1e}}{\bar{a}_{fe}} - u_2\frac{\bar{c}_{2e}}{\bar{a}_{fe}} = -u_1\bar{\bar{c}}_{1e} - u_2\bar{\bar{c}}_{2e}.$$

Statt

$$\bar{\bar{c}}_j = \bar{c}_j - \frac{\bar{a}_{fj}\bar{c}_e}{\bar{a}_{fe}}, \qquad j = 1, \ldots, e-1, e+1, \ldots, n,$$

haben wir jetzt

$$\bar{\bar{C}}_j = \bar{C}_j - \frac{\bar{a}_{fj}\bar{C}_e}{\bar{a}_{fe}} = u_1\bar{c}_{1j} + u_2\bar{c}_{2j} - \frac{\bar{a}_{fj}(u_1\bar{c}_{1e} + u_2\bar{c}_{2e})}{\bar{a}_{fe}}$$

$$= u_1\left(\bar{c}_{1j} - \frac{\bar{a}_{fj}\bar{c}_{1e}}{\bar{a}_{fe}}\right) + u_2\left(\bar{c}_{2j} - \frac{\bar{a}_{fj}\bar{c}_{2e}}{\bar{a}_{fe}}\right)$$

$$= u_1\bar{\bar{c}}_{1j} + u_2\bar{\bar{c}}_{2j}, \qquad j = 1, \ldots, e-1, e+1, \ldots, n.$$

Unsere parameterabhängige Zielfunktion

$$z = \sum_{j=1}^{n}{}' (u_1c_{1j} + u_2c_{2j})\, x_j$$

formen wir um:

$$z = u_1 \sum_{j=1}^{n} c_{1j} x_j + u_2 \sum_{j=1}^{n} c_{2j} x_j .$$

Es sei

$$z_1 = \sum_{j=1}^{n} c_{1j} x_j$$

und

$$z_2 = \sum_{j=1}^{n} c_{2j} x_j .$$

Dann ist

$$z = u_1 z_1 + u_2 z_2 .$$

Analog zum linearen Fall führen wir die Bezeichnungen

$$\bar{z} = -z, \qquad \bar{z}_1 = -z_1 \qquad \text{und} \qquad \bar{z}_2 = -z_2$$

ein. Daraus folgt

$$\bar{z} = u_1 \bar{z}_1 + u_2 \bar{z}_2 .$$

Statt der üblichen Transformation für den Wert der Zielfunktion

$$\bar{\bar{z}} = \bar{z} - \frac{\bar{b}_f \bar{c}_e}{\bar{a}_{fe}}$$

haben wir jetzt

$$\bar{\bar{z}} = \bar{z} - \frac{\bar{b}_f \bar{C}_e}{\bar{a}_{fe}} = u_1 \bar{z}_1 + u_2 \bar{z}_2 - \bar{b}_f \frac{(u_1 \bar{c}_{1e} + u_2 \bar{c}_{2e})}{\bar{a}_{fe}}$$

$$= u_1 \left(\bar{z}_1 - \frac{\bar{b}_f \bar{c}_{1e}}{\bar{a}_{fe}} \right) + u_2 \left(\bar{z}_2 - \frac{\bar{b}_f \bar{c}_{2e}}{\bar{a}_{fe}} \right) = u_1 \bar{\bar{z}}_1 + u_2 \bar{\bar{z}}_2 .$$

Tatsächlich bleibt also die Parameterabhängigkeit auch nach der Transformation der $\bar{C}_j$ und des $\bar{z}$ linear und auf diese Werte beschränkt. Insbesondere lassen sich die bei u_1 stehenden Koeffizienten $\bar{c}_{1j}$, $j = 1, 2, \ldots, n$, und $\bar{z}_1$ sowie andererseits die bei u_2 stehenden Koeffizienten $\bar{c}_{2j}$, $j = 1, 2, \ldots, n$, und $\bar{z}_2$ unabhängig voneinander und nach den üblichen Regeln transformieren.

Diese so gewonnenen Aussagen erlauben uns, das herkömmliche Simplextableau wie in Tab. 4 dargestellt zu erweitern. Die Parameter u_1, u_2 treten bei den zu transformierenden Größen im Tableau nicht explizit auf.

Tabelle 4

	$x_1 \quad x_2 \quad \cdots \quad x_n$	
y_1 y_2 $\cdot$ y_m	$a_{11} \quad a_{12} \quad \cdots \quad a_{1n}$ $a_{21} \quad a_{22} \quad \cdots \quad a_{2n}$ $\cdot\ \cdot \qquad \cdots$ $a_{m1} \quad a_{m2} \quad \cdots \quad a_{mn}$	b_1 b_2 b_m
$u_1 \cdot$ $u_2 \cdot$	$c_{11} \quad c_{12} \quad \cdots \quad c_{1n}$ $c_{21} \quad c_{22} \quad \cdots \quad c_{2n}$	$z_1 = 0$ $z_2 = 0$

Der Einfachheit halber wollen wir hier unterstellen, daß bereits in der Ausgangstabelle 4 die b_i nicht negativ sind,

$$b_i \geqq 0, \qquad i = 1, 2, \ldots, m.$$

Dann ist $(x_1, x_2, \ldots, x_n) = (0, 0, \ldots, 0)$ ein zulässiger Eckpunkt des Restriktionspolyeders, wir ordnen ihm die Bezeichnung 1 zu. Wie man leicht nachprüfen kann, ist er optimaler Lösungspunkt in den linearen Optimierungsaufgaben, die sich aus (3.8) durch das Einsetzen solcher Parameter u_1, u_2 ergeben, die den Ungleichungen

$$u_1 c_{1j} + u_2 c_{2j} \leqq 0, \qquad j = 1, 2, \ldots, n,$$

genügen; damit wird nämlich erreicht, daß für diese Optimierungsaufgaben das bekannte Optimalitätskriterium der Nichtpositivität in der charakteristischen Zeile erfüllt ist. Die Gesamtheit dieser Parameterpunkte (u_1, u_2) bezeichnen wir mit ${}^T K^{(1)}$. Nach dem Lösungsbegriff in Kap. 2 umfaßt die Menge $K^{(1)}$ *alle* Parameterpaare (u_1, u_2) aus U^2, für die die Aufgabe (3.8) in Optimierungsaufgaben mit dem Optimalpunkt (1) übergeht.

Es gilt offenbar

$$K^{(1)} \supseteqq {}^{T}K^{(1)} = \{(u_1, u_2) \in U^2 | u_1 c_{1j} + u_2 c_{2j} \leqq 0,$$
$$j = 1, 2, \ldots, n\}.$$

Falls die Menge U^2 der zugelassenen Parametervektoren (u_1, u_2) der ganze Raum R^2 ist, so bildet die Menge ${}^{T}K^{(1)}$ offenbar einen konvexen polyedrischen Kegel[1]) im R^2.

Zur Veranschaulichung der Menge ${}^{T}K^{(1)}$ sei auf das Beispiel 3 verwiesen; dort ist in Abb. 5 die Menge der Parametervektoren (u_1, u_3), für die lineare Optimierungsaufgaben mit dem Optimalpunkt $(x_1, x_2) = (0, 0)$ entstehen, mit ① bezeichnet, sie bildet einen zweidimensionalen Kegel mit dem Scheitel im Ursprung des Parameterraumes. Aus dem Beispiel geht weiter hervor, daß in diesem Kegel auch *alle* Vektoren mit der bezeichneten Eigenschaft liegen, daß dort also ${}^{T}K^{(1)} = K^{(1)}$ gilt. Im allgemeinen braucht letzte Gleichheit aber nicht zu gelten. Es können weitere nicht zu ${}^{T}K^{(1)}$ gehörende Parametervektoren (u_1, u_2) existieren, für welche die durch sie erzeugten linearen Optimierungsaufgaben den Eckpunkt 1 als Optimalpunkt besitzen (falls nämlich der Eckpunkt 1 entartet ist).

Entsprechend dem in Kap. 2 definierten Lösungsbegriff wären nun weitere Mengen $K^{(h)}$ zu bestimmen. Die in der linearen Optimierung bestehende Vorschrift für den Übergang zu einem benachbarten Eckpunkt versagt jedoch in unserer Aufgabe (3.8): Da in der charakteristischen Zeile statt der Zahlen c_j lineare Funktionen C_j in u_1, u_2 stehen, ist es nicht ohne weiteres möglich, entsprechend dem Vorgehen bei Simplexverfahren eine Spalte des Tableaus auszuzeichnen (vgl. den im Abschnitt 3.1 beschriebenen Schritt a) einer Simplextransformation). Es wäre denkbar, irgendeine Spalte festzulegen und so zu versuchen, zu einem dem Eckpunkt 1 benachbarten Eckpunkt zu gelangen.

---

[1]) Es wird hier die Kenntnis des Begriffs eines konvexen polyedrischen Kegels vorausgesetzt, siehe z. B. [18].

Zunächst wollen wir aber annehmen, daß ähnlich wie in Abschnitt 3.1 eine Folge von üblichen Simplextransformationen Tab. 4 bei einer wie in Abschnitt 3.1 unterstellten Umnumerierung der Zeilen und Spalten in Tab. 5

Tabelle 5

	y_1		y_r	x_{r+1}	x_n	
x_1	$\bar{a}_{11}$	·	$\bar{a}_{1r}$	$\bar{a}_{1,r+1}$	$\bar{a}_{1n}$	$\bar{b}_1$
·						
x_r	$\bar{a}_{r1}$	·	$\bar{a}_{rr}$	$\bar{a}_{r,r+1}$	$\bar{a}_{rn}$	$\bar{b}_r$
y_{r+1}	$\bar{a}_{r+1\,1}$		$\bar{a}_{r+1,r}$	$\bar{a}_{r+1,r+1}$	$\bar{a}_{r+1,n}$	$\bar{b}_{r+1}$
						...
y_m	$\bar{a}_{m1}$	·	$\bar{a}_{mr}$	$\bar{a}_{m\,r+1}$	$\bar{a}_{mn}$	$\bar{b}_m$
u_1 ·	$\bar{c}_{11}$	· ·	$\bar{c}_{1r}$	$\bar{c}_{1,r+1}$	$\bar{c}_{1n}$	$\bar{z}_1$
u_2 ·	$\bar{c}_{21}$	· ·	$\bar{c}_{2r}$	$\bar{c}_{2,r+1}$	$\bar{c}_{2n}$	$\bar{z}_2$

überführt. Gilt $\bar{b}_i \geqq 0$, $i = 1, \ldots, m$, so ist

$$(x_1, x_2, \ldots, x_r, x_{r+1}, \ldots, x_n) = (\bar{b}_1, \bar{b}_2, \ldots, \bar{b}_r, 0, \ldots, 0)$$

wiederum ein zulässiger Eckpunkt des Restriktionsbereichs der Aufgabe (3.8), er möge die Bezeichnung r tragen. Wie für die Ecke 1 wird für den erhaltenen Eckpunkt r die Menge ${}^TK^{(r)}$ festgelegt:

$${}^TK^{(r)} = \{(u_1, u_2) \in U^2 | u_1\bar{c}_{1j} + u_2\bar{c}_{2j} \leqq 0, \quad j = 1, \ldots, n\};$$

für diese Parametervektoren aus ${}^TK^{(r)}$ geht die Aufgabe (3.8) offenbar in lineare Optimierungsaufgaben über, die den Eckpunkt r als optimale Lösung besitzen. Des weiteren gelten für ${}^TK^{(r)}$ sinngemäß die Aussagen, die wir für die Menge ${}^TK^{(1)}$ oben feststellten. Der Wert der Zielfunktion im Eckpunkt r ergibt sich aus Tab. 5 zu

$$z = -u_1\bar{\bar{z}}_1 - u_2\bar{\bar{z}}_2.$$

Das eben Dargelegte soll nun ausführlich an einem Beispiel demonstriert werden.

3.3. Beispiel

In Kap. 2 haben wir auf anschaulichem Wege Aussagen zur Lösung des Beispiels 3 gewonnen. Das war die Aufgabe

$$z = (3u_1 - 2u_3)\,x_1 + (5u_1 - u_3)\,x_2 \qquad \text{maximal}$$

bzw. umgeformt

$$z = u_1(3x_1 + 5x_2) + u_3(-2x_1 - x_2) \qquad \text{maximal,} \tag{3.9}$$

wobei

$$\begin{aligned} 2x_1 + 3x_2 &\leqq 10, \\ 2x_2 &\leqq 12, \\ 3x_1 + 2x_2 &\leqq 10, \\ x_1 &\geqq 0, \\ x_2 &\geqq 0. \end{aligned} \tag{3.10}$$

Die Parameter u_1, u_3 sind zunächst frei wählbar.

Zur Vermeidung überflüssiger Rechenarbeit sind im Anhang alle Simplextableaus aufgeführt, die sich aus dem für Beispiel 1 (Kap. 2) entstehenden Ausgangstableau erzeugen lassen. Die für unsere Beispiele notwendigen Zahlen können dort nach entsprechenden Streichungen entnommen werden.

Das Ausgangstableau für Beispiel 3 ist in Tab. 6 angegeben. Es ergibt sich aus Tableau T 1 des Anhangs, wenn wir dort die Spalten für x_3, v_1, v_2 und die vorletzte Zeile streichen.

Laut Tab. 6 ist $(x_1^{(1)}, x_2^{(1)}) = (0, 0)$ eine zulässige Lösung der Aufgabe (3.9)/(3.10), denn die rechten Seiten b_1, b_2 und b_3 sind positiv. Nach Abschnitt 3.2. folgt, daß $(x_1^{(1)}, x_2^{(1)})$ optimaler Lösungspunkt aller derjenigen linearen Optimierungsprobleme ist, die sich aus (3.9)/

Tabelle 6

	x_1	x_2	
y_1	2	3	10
y_2	0	2	12
y_3	3	2	10
$u_1 \cdot$	3	5	0
$u_3 \cdot$	−2	−1	0

(3.10) für solche Parameter u_1, u_3 ergeben, für die gilt

$$\begin{aligned} 3u_1 - 2u_3 &\leqq 0, \\ 5u_1 - u_3 &\leqq 0, \end{aligned} \tag{3.11}$$

(die Ungleichungen lassen sich entsprechend den Ausführungen im Abschnitt 3.2 sofort aus Tab. 6 entnehmen). Eine Umformung von (3.11) führt zu

$$\begin{aligned} u_3 &\geqq 3/2u_1, \\ u_3 &\geqq 5u_1. \end{aligned}$$

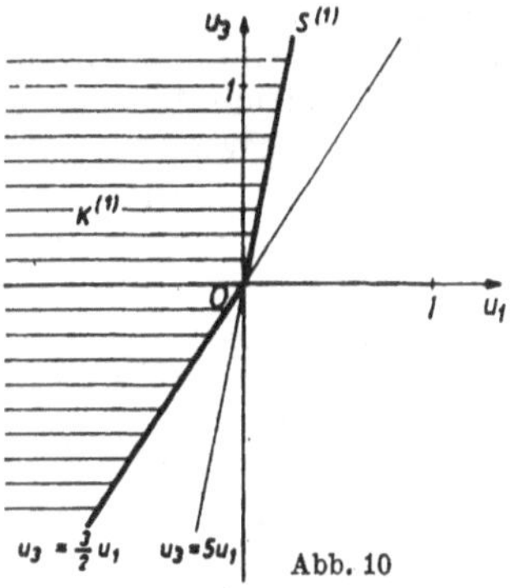

Abb. 10

Abb. 10 zeigt den konvexen polyedrischen Kegel $K^{(1)}$ der diesem Ungleichungssystem genügenden Parametervektoren. Wir wissen schon aus Kap. 2, daß zu $K^{(1)}$ andere Kegel benachbart sind, für die sich andere Punkte des zulässigen Bereichs von Beispiel 3 in den sich aus (3.9)/(3.10) ergebenden linearen Optimierungsaufgaben als optimal erweisen. (Im allgemeinen Fall muß ein solcher benachbarter Kegel nicht existieren, zu einem Kegel $K^{(h)}$ kann der Bereich N derjenigen Parameter benachbart sein, für die die entsprechenden linearen Optimierungsaufgaben keine optimale Lösung besitzen.) Um einen benachbarten Kegel zu finden, bietet sich in unserem vorliegenden Beispiel folgendes Vorgehen an. Nach der Darstellung in Abb. 10 berandet der Strahl

$$S^{(1)} = \{(u_1, u_3) \in R^2 | u_3 = 5u_1, u_3 \geqq 0\}$$

den Kegel $K^{(1)}$ im ersten Quadranten und gehört zu $K^{(1)}$. Für jeden Parameterpunkt auf diesem Strahl ist

$$C_1 = 3u_1 - 2u_3 \leqq 0$$

und

$$C_2 = 5u_1 - u_3 = 0,$$

d h., für Parameterwerte (u_1, u_3) auf $S^{(1)}$ ist die optimale Lösung in den sich für diese u_1 und u_3 ergebenden Optimierungsproblemen nicht eindeutig bestimmt. In Abb. 4 ist als Beispiel die Lage der Zielfunktion für $(u_1, u_3) = (1, 5) \in S^{(1)}$ dargestellt: Für Parameterwerte auf $S^{(1)}$ erhält man Optimierungsaufgaben, bei denen alle Punkte der Strecke mit den Eckpunkten (0, 0) und (0, 10/3) optimal sind.

Zur Vervollständigung der Lösung unserer Aufgabe (3.9)/(3.10) bietet es sich daher an, einen Austauschschritt mit einem aus der zweiten Spalte von Tab. 6 stammenden Hauptelement zu versuchen. Anhand von Abb. 4 erwarten wir, den Eckpunkt 2 als benachbarten Eckpunkt zu erhalten.

Das Hauptelement wird nach der in der Simplexmethode üblichen Regel b) aus Zeile f mit

$$\frac{b_f}{a_{fe}} = \min_{a_{ie} > 0} \left\{\frac{b_i}{a_{ie}}\right\} \tag{3.12}$$

so gewählt, daß die b_i nichtnegativ bleiben. Wir erhalten $f = 1$.

Die entsprechende Simplextransformation führt zu Tab. 7 (vgl. T 2). Der dieser Tabelle entsprechende Eck-

Tabelle 7

	x_1	y_1	
x_2	$\frac{2}{3}$	$\frac{1}{3}$	$\frac{10}{3}$
y_2	$-\frac{4}{3}$	$-\frac{2}{3}$	$\frac{16}{3}$
y_3	$\frac{5}{3}$	$-\frac{2}{3}$	$\frac{10}{3}$
u_1	$-\frac{1}{3}$	$-\frac{5}{3}$	$-\frac{50}{3}$
u_3	$-\frac{4}{3}$	$\frac{1}{3}$	$\frac{10}{3}$

punkt des zulässigen Bereichs (3.10) unseres Beispiels ist $(x_1^{(2)}, x_2^{(2)}) = (0, 10/3)$. Er ist optimaler Punkt in den Optimierungsaufgaben, die man aus (3.9)/(3.10) erhält, wenn man dem Ungleichungssystem

$$\begin{aligned} -\frac{1}{3}u_1 - \frac{4}{3}u_3 &\leqq 0, \\ -\frac{5}{3}u_1 + \frac{1}{3}u_3 &\leqq 0 \end{aligned} \tag{3.13}$$

bzw. dem dazu äquivalenten Ungleichungssystem

$$\begin{aligned} u_3 &\geqq -\frac{1}{4}u_1, \\ u_3 &\leqq 5u_1 \end{aligned}$$

genügende Parameter wählt. Die Ungleichungen (3.13) sind dabei, wie oben beschrieben, sofort aus Tab. 7 ablesbar.

Für den zu $(x_1^{(1)}, x_2^{(1)})$ benachbarten Eckpunkt $(x_1^{(2)}, x_2^{(2)})$ ergibt sich damit der in Abb. 11 dargestellte

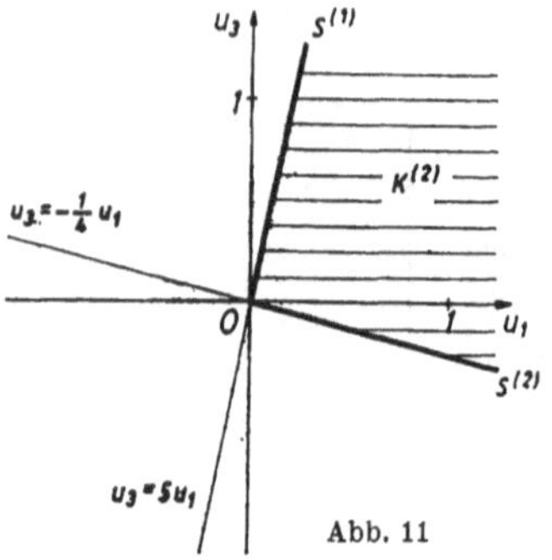

Abb. 11

Kegel $K^{(2)}$ als die durch (3.13) definierte Parametermenge. Der Kegel $K^{(2)}$ hat mit $K^{(1)}$ den Strahl $S^{(1)}$ gemeinsam und wird zum anderen vom Strahl

$$S^{(2)} = \{(u_1, u_3) \in R^2 | u_3 = -1/4 u_1, u_3 \geqq 0\}$$

berandet. Auf $S^{(2)}$ hat der Koeffizient

$$\bar{C}_1 = -\frac{1}{3} u_1 - \frac{4}{3} u_3$$

den Wert Null; überschreiten wir also $S^{(2)}$, von $K^{(2)}$ ausgehend, ist $e = 1$ Austauschspalte. (Bei diesem Übergang verändert sich nach Abb. 4 die Lage der Geraden, die die fragliche Zielfunktion repräsentiert, in der Weise, daß der Eckpunkt 3 in Abb. 4 optimal wird.)

Nach (3.12) ist nun $f = 3$; wir erhalten die neue Tab. 8 (vgl. T 11).

Tabelle 8

	y_3	y_1	
x_2	$-\frac{2}{5}$	$\frac{3}{5}$	2
y_2	$\frac{4}{5}$	$-\frac{6}{5}$	8
x_1	$\frac{3}{5}$	$-\frac{2}{5}$	2
$u_1 \cdot$	$\frac{1}{5}$	$-\frac{9}{5}$	-16
$u_3 \cdot$	$\frac{4}{5}$	$-\frac{1}{5}$	6

Aus ihr lassen sich die Bedingungen

$$\begin{aligned} \frac{1}{5} u_1 + \frac{4}{5} u_3 &\leqq 0, \\ -\frac{9}{5} u_1 - \frac{1}{5} u_3 &\leqq 0 \end{aligned} \tag{3.14}$$

bzw. umgeformt

$$\begin{aligned} u_3 &\leqq -\frac{1}{4} u_1, \\ u_3 &\geqq -9u_1 \end{aligned}$$

ablesen. Für Parametervektoren (u_1, u_3) mit der Eigenschaft (3.14) – das ist die Menge $K^{(3)}$ in Abb. 12 – geht die parametrische Aufgabe (3.9)/(3.10) in lineare Optimierungsaufgaben mit dem optimalen Lösungspunkt $(x_1^{(3)}, x_2^{(3)}) = (2, 2)$ über.

Soll schließlich der in Abb. 12 dargestellte Strahl $S^{(3)}$ überschritten werden, ist in Tab. 8 die Spalte $e = 2$ zu wählen. Die Austauschzeile ist $f = 1$, und wir erhalten (vgl. T 6) Tab. 9.

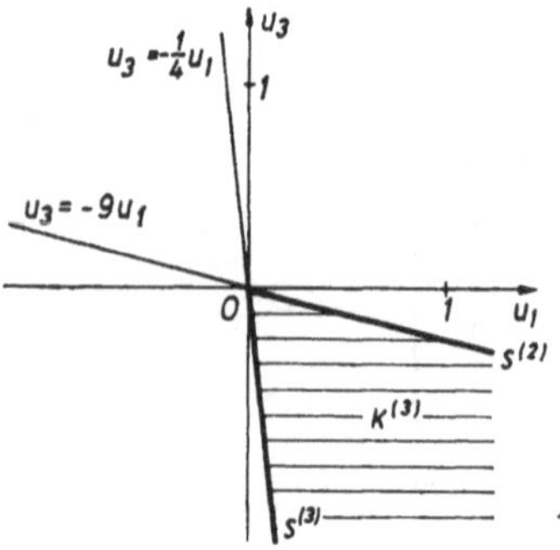

Abb. 12

Tabelle 9

	y_3	x_2	
y_1	$-\frac{2}{3}$	$\frac{5}{3}$	$\frac{10}{3}$
y_2	0	2	12
x_1	$\frac{1}{3}$	$\frac{2}{3}$	$\frac{10}{3}$
u_1	-1	3	-10
u_3	$\frac{2}{3}$	$\frac{1}{3}$	$\frac{20}{3}$

Der aus ihr ablesbare Parameterbereich

$$K^{(4)} = \left\{(u_1, u_3) \in R^2 | u_3 \leqq \frac{3}{2} u_1,\ u_3 \leqq -9u_1\right\}$$

findet sich in der zusammenfassenden Abb. 13. Für Parameter aus $K^{(4)}$ besitzen die sich aus Aufgabe (3.9)/(3.10) ergebenden Optimierungsprobleme den Punkt (10/3, 0) als optimale Lösung.

Auf dem Strahl $S^{(4)}$ sind (vgl. dazu Abb. 13) die Kegel $K^{(4)}$ und $K^{(1)}$ benachbart. Wir haben damit eine vollständige Übersicht über die zu allen hier möglichen Parameterkombinationen gehörenden optimalen Lösungen der sich für die jeweiligen Parameter ergebenden linearen

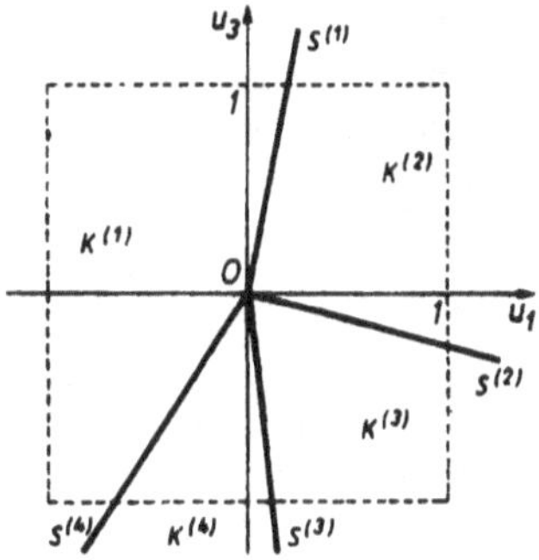

Abb. 13

Optimierungsaufgaben gewonnen. Im Sinne des in Kap. 2 definierten Lösungsbegriffs ist Beispiel 3 also erschöpfend behandelt. In dem behandelten Beispiel fallen die im Abschnitt 3.2. eingeführten Kegel ${}^{T}K^{(h)}$, $h = 1, 2, 3, 4$, mit den Einteilungsmengen $K^{(h)}$ zusammen.

3.4. Die d-parametrische Aufgabe

Eine mehrparametrische Optimierungsaufgabe vom Typ I kann allgemein in der folgenden Form dargestellt werden (vgl. dazu Kap. 2):

$$z = \sum_{j=1}^{n} (u_1 c_{1j} + u_2 c_{2j} + \cdots + u_d c_{dj})\, x_j \qquad \text{maximal},$$

wobei

$$\sum_{j=1}^{n} a_{ij} x_j \leqq b_i\,, \qquad i = 1, 2, \ldots, m,$$
$$x_j \geqq 0, \qquad j = 1, \ldots, n. \tag{3.17}$$

Als Parameterraum sei zunächst der ganze R^d zugelassen. Für unsere weiteren Überlegungen kann generell vorausgesetzt werden, daß der Restriktionsbereich der Aufgabe nichtleer ist, anderenfalls hätten wir sofort die Lösung: Der Parameterraum R^d würde mit der Menge N der Parameter zusammenfallen, für die die aus (3.17) folgenden Optimierungsaufgaben unlösbar sind.

Unter der Lösung der Aufgabe (3.17) wird entsprechend unserer Definition in Kap. 2 die Angabe einer wohlbestimmten Einteilung des Parameterraumes R^d verstanden (siehe S. 30). Zu ihrer Berechnung läßt sich einmal so vorgehen, daß man einen Parametervektor $(u_1^0, \ldots, u_d^0)$ aus dem R^d beliebig wählt, ihn in (3.17) einsetzt und die so erhaltene lineare Optimierungsaufgabe mit der Simplexmethode löst. Das Ergebnis wird entweder die Angabe eines Eckpunktes $(x_1^0, \ldots, x_n^0)$ des Restriktionsbereichs sein oder die Aussage, daß das Problem unlösbar ist. Hieran schließt sich dann wiederum die Frage nach weiteren Parametervektoren $(u_1, \ldots, u_d)$ an, für die die aus (3.17) erzeugten Optimierungsaufgaben denselben Eckpunkt $(x_1^0, \ldots, x_n^0)$ als optimale Lösung besitzen bzw. ebenfalls unlösbar sind. Damit wäre ein Ansatz gegeben, eine der Einteilungsmengen K^h, $h \in \{1, \ldots, H\}$, oder N einer Lösung von (3.17) zu berechnen. Offen bleibt die Frage, in welcher Weise möglichst systematisch die anderen Einteilungsmengen der Lösung zu erhalten sind.

Andererseits läßt sich auch so vorgehen, wie wir es am Beispiel im Abschnitt 3.2. demonstrierten: Man greift einen Eckpunkt des zulässigen Bereichs von Aufgabe (3.17) heraus und fragt, ob es Parametervektoren $(u_1, u_2, \ldots, u_d)$ gibt, die (3.17) in solche lineare Optimierungsaufgaben überführen, die diesen Eckpunkt als optimale Lösung besitzen.

Zur Beantwortung dieser Frage wollen wir die in Abschnitt 3.2. entwickelten erweiterten Simplextableaus heranziehen. Als Ausgangstableau wird die direkt aus der Aufgabe (3.17) folgende Tab. 10 gewählt. Eine Folge von Transformationen möge sie in Tab. 11 überführen. (Dabei kann man so vorgegangen sein, daß man für die

Parameter $u_1, \ldots, u_d$ feste Werte wählte und die so aus (3.17) erzeugte lineare Optimierungsaufgabe löste.) Um die Allgemeinheit zu wahren, läßt sich wiederum an-

Tabelle 10

	x_1	x_2	$\cdots$	x_n	
y_1	a_{11}	a_{12}	$\cdots$	a_{1n}	b_1
y_2	a_{21}	a_{22}	$\cdots$	a_{2n}	b_2
$\vdots$	$\vdots$	$\vdots$		$\vdots$	$\vdots$
y_m	a_{m1}	a_{m2}	$\cdots$	a_{mn}	b_m
u_1	c_{11}	c_{12}		c_{1n}	0
u_2	c_{21}	c_{22}		c_{2n}	0
$\vdots$	$\vdots$	$\vdots$		$\vdots$	$\vdots$
u_d	c_{d1}	c_{d2}	$\cdots$	c_{dn}	0

Tabelle 11

	y_1	$\cdots$	y_r	x_{r+1}	$\cdots$	x_n	
x_1	$\bar{a}_{11}$	$\cdots$	$\bar{a}_{1r}$	$\bar{a}_{1,r+1}$		$\bar{a}_{1n}$	$\bar{b}_1$
$\vdots$	$\vdots$		$\vdots$	$\vdots$		$\vdots$	$\vdots$
x_r	$\bar{a}_{r1}$		$\bar{a}_{rr}$	$\bar{a}_{r,r+1}$		$\bar{a}_{rn}$	$\bar{b}_r$
y_{r+1}	$\bar{a}_{r+1,1}$	$\cdots$	$\bar{a}_{r+1,r}$	$\bar{a}_{r+1,r+1}$		$\bar{a}_{r+1,n}$	$\bar{b}_{r+1}$
$\vdots$	$\vdots$		$\vdots$	$\vdots$		$\vdots$	$\vdots$
y_m	$\bar{a}_{m1}$		$\bar{a}_{mr}$	$\bar{a}_{m,r+1}$		$\bar{a}_{mn}$	$\bar{b}_m$
u_1	$\bar{c}_{11}$		$\bar{c}_{1r}$	$\bar{c}_{1,r+1}$		$\bar{c}_{1n}$	$\bar{\bar{z}}_1$
$\vdots$	$\vdots$		$\vdots$	$\vdots$		$\vdots$	$\vdots$
u_d	$\bar{c}_{d1}$	$\cdot$	$\bar{c}_{dr}$	$\bar{c}_{d,r+1}$		$\bar{c}_{dn}$	$\bar{\bar{z}}_d$

nehmen, daß hier (ähnlich dem Vorgehen in Abschnitt 3.1.) die Zeilen und Spalten in Tab. 11 geeignet umnumeriert worden sind.

Die im Abschnitt 3.2. angegebenen Transformationsformeln für den Übergang von einem Simplextableau zu einem benachbarten lassen sich ohne weiteres auf den d-dimensionalen Fall übertragen. (Dabei wird zunächst auch wieder die Frage nach der Festlegung der Austauschspalte e — Schritt a) — außer acht gelassen.)

Die Auswahl der Zeile erfolgt wie im Abschnitt 3.1; es treten dabei keine von Parametern abhängige Größen auf. Dasselbe gilt für die Transformation der Koeffizientenmatrix und der rechten Seite des Tableaus. Die im Abschnitt (3.2.) begründeten Transformationen der Koeffizienten im unteren Block des Tableaus lassen sich ohne zusätzliche Überlegungen auf den d-dimensionalen Fall übertragen:

$$\bar{\bar{c}}_{ke} = \frac{\bar{c}_{ke}}{\bar{a}_{fe}}, \qquad k = 1, \ldots, d, \tag{3.18}$$

$$\bar{\bar{c}}_{kj} = \bar{c}_{kj} - \frac{\bar{a}_{fj}\bar{c}_{ke}}{\bar{a}_{fe}}, \qquad k = 1, \ldots, d, \quad j = 1, \ldots, e-1, e+1, \ldots, n. \tag{3.19}$$

Entsprechend ergibt sich der Zielfunktionswert im neuen Tableau zu

$$\bar{\bar{z}} = \sum_{k=1}^{d} u_k \left(\bar{z}_k - \frac{\bar{b}_f \bar{c}_{ke}}{\bar{a}_{fe}} \right) = \sum_{k=1}^{d} u_k \bar{\bar{z}}_k. \tag{3.20}$$

Mit dieser Technik der erweiterten Simplextabellen und -transformationen haben wir nun ein Hilfsmittel gewonnen, Eigenschaften der Lösung von (3.17) zu studieren und — wie wir im weiteren sehen werden — auch die prinzipielle Möglichkeit erhalten, sie zu berechnen.

Wir wollen nun annehmen, daß der im weiteren durch den Buchstaben r gekennzeichnete Punkt

$$(x_1, x_2, \ldots, x_r, x_{r+1}, \ldots, x_n) = (\bar{b}_1, \bar{b}_2, \ldots, \bar{b}_r, 0, 0, \ldots, 0) \tag{3.21}$$

ein zulässiger Eckpunkt der Aufgabe (3.17) ist. Ihm ist die oben angegebene Simplextabelle 11 zugeordnet. Es gilt also

$$\bar{b}_i \geqq 0, \qquad i = 1, \ldots, m,$$

Wie im zweidimensionalen Fall läßt sich aus der erweiterten Simplextabelle, jetzt also aus Tab. 11, sofort eine Beschreibung der Menge von Parametervektoren $(u_1, \ldots, u_d)$ ablesen, für die die Aufgabe (3.17) in lineare Optimierungsprobleme mit dem Punkt r als Optimalpunkt übergeht:

$$\begin{aligned} \bar{c}_{11}u_1 + \cdots + \bar{c}_{d1}u_d &\leqq 0, \\ \bar{c}_{12}u_1 + \cdots + \bar{c}_{d2}u_d &\leqq 0, \\ \cdots\cdots\cdots\cdots\cdots&\cdots\cdots \\ \bar{c}_{1n}u_1 + \cdots + \bar{c}_{dn}u_d &\leqq 0. \end{aligned} \tag{3.22}$$

Das Ungleichungssystem (3.22) beschreibt, wie leicht nachprüfbar, einen konvexen polyedrischen Kegel im d-dimensionalen Parameterraum, wir werden ihn mit ${}^TK^{(r)}$ bezeichnen. Er ist sicher nicht leer, denn er enthält immer den Punkt mit den Koordinaten $u_1 = u_2 = \cdots = u_d = 0$; besteht er lediglich aus diesem Punkt, so ist der Eckpunkt r für solche aus (3.17) folgende Optimierungsaufgaben optimal, die die triviale Zielfunktion $z = 0$ besitzen (für diese Zielfunktion ist natürlich jeder Punkt des zulässigen Bereichs optimal). Der Kegel ${}^TK^{(r)}$ ist offenbar eine Teilmenge der in Kap. 2, S. 31, definierten Einteilungsmenge $K^{(r)}$ aller der Parameter, für die die d-parametrische Optimierungsaufgabe in lineare Probleme mit dem Optimalpunkt r übergeht:

$${}^TK^{(r)} \subseteqq K^{(r)}.$$

Unter bestimmten Regularitätsvoraussetzungen fallen beide Mengen zusammen (vgl. die folgende Eigenschaft E 2). Nehmen wir an, daß dies der Fall ist, so haben wir mit (3.22) eine Beschreibung einer der im Lösungsbegriff geforderten Einteilungsmengen gefunden.

Wie können wir nun zu weiteren Mengen $K^{(h)}$ mit $h \neq r$ gelangen? Im Beispiel des Abschnitts 3.3 diente uns als Wegweiser die graphische Darstellung; für ein $d > 2$ wird uns das im allgemeinen leider nicht helfen.

Man kann aber versuchen, formal das dort gewählte Vorgehen auf den d-dimensionalen Fall zu übertragen.

Wir nehmen dazu an, daß in dem zu $K^{(r)}$ gehörenden nichtverschwindenden Parameterpunkt $(u_1^0, u_2^0, \ldots, u_d^0)$ die j_0-te Ungleichung des Systems (3.22) als Gleichung erfüllt ist:

$$\begin{gathered} \bar{c}_{1j_0} u_1^0 + \bar{c}_{2j_0} u_2^0 + \cdots + \bar{c}_{dj_0} u_d^0 = 0, \\ 1 \leqq j_0 \leqq n. \end{gathered} \tag{3.23}$$

(Gemäß der anschaulichen Lösung des Beispiels im Abschnitt 3.3. liegt $(u_1^0, \ldots, u_d^0)$ auf dem Rand von $K^{(r)}$.)

Zur Vervollständigung unserer Lösung werden wir versuchen, mit j_0 als Austauschspalte einen Simplexschritt durchzuführen. Hierbei gibt es drei Möglichkeiten:

a) Der betreffende Simplexschritt ist durchführbar, geometrisch betrachtet bedeutet das, daß es eine zu der Ausgangsecke r in Richtung der durch j_0 gekennzeichneten Kante benachbarte Ecke gibt, wir werden sie durch $\bar{r}$ kennzeichnen;

b) der betreffende Simplexschritt ist nicht durchführbar, d. h., alle Elemente der j_0-Spalte sind nichtpositiv; geometrisch betrachtet bedeutet das, daß auf der durch j_0 gekennzeichneten Kante kein zu r benachbarter Punkt existiert;

c) der Simplexschritt ist durchführbar, statt einer benachbarten Ecke wird jedoch der Ausgangspunkt r berechnet (das kann — wie bekannt — im Fall der Entartung eintreten).

Im Falle a) sei ${}^TK^{(\bar{r})}$ der Kegel der Parameterpunkte, für die das Problem (3.17) in Optimierungsaufgaben mit dem Optimalpunkt $\bar{r}$ übergeht; mit anderen Worten ${}^TK^{(\bar{r})}$ ist die Lösungsmenge des Ungleichungssystems, das man nach einer erweiterten Transformation von Tab. 11 mit der Austauschspalte j_0 aus dem neu bestimmten Simplextableau entnehmen kann. Der Eckpunkt $\bar{r}$ und der Kegel $K^{(\bar{r})}$ sind nach Vorgabe von j_0

eindeutig bestimmt, wenn alle $\bar{b}_i$, $i = 1, \ldots, m$, positiv sind. Ist ein $\bar{b}_\iota$ gleich Null, so spricht man von einer Entartung in der fraglichen Ecke des Restriktionspolyeders; um diesen für die Berechnung unangenehmen Fall auszuschließen (vgl. die Möglichkeit c)), machen wir die folgende Voraussetzung:

Der zulässige Bereich von (3.17) *ist nicht entartet.*[1])

Tritt der Fall b) ein, so gilt nach dem bekannten Kriterium aus dem Simplexverfahren, daß für alle Parameterwerte $u_1, \ldots, u_d$ mit der Eigenschaft

$$\bar{c}_{1j_0} u_1 + \cdots + \bar{c}_{dj_0} u_d > 0, \qquad (3.24)$$

die sich aus (3.17) ergebenden linearen Optimierungsaufgaben keine Lösung besitzen. Die durch diese Ungleichung (3.24) beschriebene Menge von Punkten $(u_1, \ldots, u_d)$ des Parameterraumes bildet einen offenen Halbraum; er ist eine Teilmenge der im Lösungsbegriff eingeführten Menge N.

Der Fall c) braucht uns zunächst nicht zu interessieren, da wir den Fall der Entartung bereits oben ausgeschlossen hatten.

Zusammenfassend läßt sich feststellen, daß das bisherige Vorgehen einen Weg aufzeigt, wie einmal eine Einteilungsmenge der Lösung der Aufgabe (3.17) gefunden werden kann (indem nämlich entweder mit einem beliebigen festen Parametervektor begonnen wird oder mit einem zulässigen Eckpunkt des Restriktionsbereiches) und wie dann weitere Einteilungsmengen bestimmt werden können. Offen bleibt die Frage nach der Berechnung ***aller*** Einteilungsmengen. Unsere bisher behandelten Beispiele könnten den Gedanken nahelegen, daß sie über eine Durchmusterung aller Eckpunkte zu erhalten wären.

Zunächst wollen wir aber eine Reihe von Eigenschaften der Lösung d-parametrischer Aufgaben des Typs I zusammenstellen: Die bisher angestellten Überlegungen

---

[1]) Durch eine geeignete ε-Modifikation des ursprünglichen Problems läßt sich diese Voraussetzung stets einhalten, siehe dazu etwa [18].

zur d-parametrischen Optimierung sowie die angeführten Beispiele weisen auf gewisse Gesetzmäßigkeiten hin:

E 1. Der ganze Parameterraum wird in die zwei Mengen A und N eingeteilt, wobei A (bzw. N) die Menge derjenigen Parameterpunkte ist, für die die zugehörigen linearen Optimierungsprobleme lösbar (bzw. unlösbar) sind. Die Menge A ist stets nichtleer, sobald der Restriktionsbereich der Aufgabe nichtleer ist; die Menge N kann dagegen für bestimmte lineare d-parametrische Aufgaben leer sein (z. B. im Fall eines beschränkten Restriktionsbereiches). Die Menge A bezeichnet man als *Lösbarkeitsbereich* der parametrischen Aufgabe.

E 2. Zu jedem Parameterpunkt $(u_1^0, \ldots, u_d^0)$ der Menge A gibt es einen Eckpunkt $(x_1^0, \ldots, x_n^0)$ des Restriktionspolyeders, der für das zugehörige lineare Optimierungsproblem optimal ist und der die Eigenschaft hat, daß ihm (im Fall der Nichtentartung) eindeutig ein konvexer polyedrischer Kegel $K^{(0)}$ im Parameterraum zugeordnet ist, so daß für alle $(u_1, \ldots, u_d)$ aus $K^{(0)}$ die d-parametrische Aufgabe in solche lineare Optimierungsprobleme übergeht, für die $(x_1^0, \ldots, x_n^0)$ eine optimale Lösung darstellt. Der Kegel $K^{(0)}$ ist im Fall der Nichtentartung in diesem Eckpunkt auch maximal, und er läßt sich in der oben angegebenen Weise (vgl. das Ungleichungssystem (3.22)) aus dem Simplextableau bestimmen.

E 3. Die Anzahl solcher Kegel $K^{(h)}$ mit den in **E 2** angegebenen Eigenschaften ist endlich (die Endlichkeit ergibt sich aus der endlichen Anzahl der Ecken des Restriktionspolyeders), und der Koordinatenursprung $(0, \ldots, 0)$ des Parameterraumes ist der Scheitelpunkt aller dieser Kegel.

E 4. Die Menge der Kegel aus **E 3** überdeckt den Lösbarkeitsbereich A des gegebenen d-parametrischen Problems, d. h., sind $K^{(1)}, \ldots, K^{(H)}$ die fraglichen Kegel, so gilt

$$A = \bigcup_{r=1}^{H} K^{(r)},$$

und je zwei verschiedene Kegel besitzen höchstens gemeinsame Randpunkte. Die Menge A stellt ebenfalls einen polyedrischen Kegel dar (wobei A auch der ganze Parameterraum sein kann).

E 5. Zwei Kegel aus der in **E 4** angeführten Überdeckung von A, die zwei benachbarten Eckpunkten (d. h. Eckpunkten, von denen einer durch eine einzige Simplextransformation aus dem anderen gewonnen werden kann) des Restriktionspolyeders zugehören, besitzen eine gemeinsame Seite größter Dimension. Diese Tatsache wird daraus erklärbar, daß der Ungleichung j_0 aus (3.22) bei dem oben beschriebenen Übergang von dem Eckpunkt r zu dem benachbarten Eckpunkt $\bar{r}$ in dem diesem Punkt $\bar{r}$ zugehörigen erweiterten Simplextableau in der j_0-ten Spalte die Ungleichung

$$\bar{c}_{1j_0}u_1 + \bar{c}_{2j_0}u_2 + \cdots + \bar{c}_{dj_0}u_d \geqq 0$$

entspricht, falls auch hier nach allen den Parametern hinterfragt wird, für die (3.17) in Optimierungsaufgaben mit dem optimalen Lösungspunkt $\bar{r}$ übergeht.

E 6. Hat der Parameterraum die Dimension n, d. h. $d = n$, und sind die Vektoren

$$(c_{k1}, c_{k2}, \ldots, c_{kn}), \qquad k = 1, \ldots, n,$$

linear unabhängig, so entspricht jeder Ecke h des Restriktionspolyeders genau ein Kegel $K^{(h)}$ mit den Eigenschaften **E 2** bis **E 5**, und seine Dimension ist gleich der des Parameterraumes, d. h. gleich n.

Die Eigenschaften **E 1** bis **E 6** lassen sich unabhängig von den hier benutzten Simplexverfahren und der gegebenen geometrischen Veranschaulichung beweisen; wir verzichten hier darauf, und begnügen uns mit den oben gegebenen Erläuterungen. Der an einer Darlegung der Beweise interessierte Leser sei auf die in der Einleitung genannte Monographie [19] verwiesen.

Wir haben in unseren Formulierungen des Aufgabentyps I stets angenommen, daß die den zulässigen Bereich beschreibenden Nebenbedingungen die Gestalt

$$\sum_{j=1}^{n} a_{ij}x_j \leqq b_i, \qquad i = 1, 2, \ldots, m,$$

haben. Diese unterstellte Form hat den Vorteil, daß wir erstens bei nichtnegativen b_i ohne Anlaufrechnung über eine zulässige Basislösung verfügen und daß sich zweitens die zulässigen Bereiche unserer Beispiele anschaulich darstellen lassen.

Im allgemeinen Fall werden die Nebenbedingungen lauten:

$$\sum_{j=1}^{n} a_{ij}x_j \leqq b_i, \qquad i \in I_1,$$

$$\sum_{j=1}^{n} a_{ij}x_j = b_i, \qquad i \in I_2,$$

$$\sum_{j=1}^{n} a_{ij}x_j \geqq b_i, \qquad i \in I_3,$$

$$x_j \geqq 0, \qquad j = 1, 2, \ldots, n,$$

wobei I_1, I_2 und I_3 endliche Indexmengen bezeichnen.

Es gibt verschiedene, dem Leser sicher zum Teil bekannte Möglichkeiten, ausgehend von solchen Nebenbedingungen zu Simplextableaus zu gelangen, die zulässige Lösungen repräsentieren. (Bei gewissen Methoden kann dabei die Menge der zum Austausch zugelassenen Zeilen oder Spalten reduziert werden. Darauf nehmen wir der Einfachheit halber hier nicht Bezug.) Diese Anlaufschritte haben keinen Einfluß auf unsere Aussagen über die Lösungen, da wir bei deren Herleitung lediglich von zulässigen Simplextableaus (vgl. Tab. 11) und Operationen mit ihnen ausgehen. Die bei uns angenommene „angenehme" Form der Nebenbedingungen in der

Aufgabe (3.17) verursacht also keine Einschränkung der Allgemeinheit unserer Aussagen.

Dagegen ist die Forderung, daß der zulässige Bereich nicht entartet sein soll, eine nennenswerte Einschränkung. Von ihr wird vor allem bei den Eigenschaften **E 2** und **E 4** über die Eindeutigkeit der Überdeckung der Menge A durch die Kegel $K^{(h)}$ Gebrauch gemacht. Das Problem der Entartung spielt bei der Lösung von linearen Optimierungsaufgaben mittels elektronischer Datenverarbeitungsanlagen insofern eine besondere Rolle, als die Zahlendarstellung die Unterscheidung eines „verschwindenden" Elements von einem „sehr kleinen" Element praktisch unmöglich macht.

Liegt eine Entartung vor, so braucht die Einteilung des Parameterraums in Kegel mit jeweils zugeordnetem zulässigen Eckpunkt nicht eindeutig zu sein, da der gleiche Eckpunkt auf verschiedene Weise (mit unterschiedlichen Tableaus) darstellbar ist.

Die Folgen einer Entartung für die Lösung einer parametrischen Aufgabe wollen wir an dem folgenden einfachen Beispiel illustrieren:

Beispiel 5:

$$z = u_1 x_1 + u_2(2x_1 + x_2) \qquad \text{maximal,}$$

wobei

$$\begin{aligned} x_1 \qquad &\leqq 1, \qquad &(A) \\ x_2 &\leqq 1, \qquad &(B) \\ x_1 + x_2 &\leqq 2, \qquad &(C) \\ x_1, x_2 &\geqq 0. \end{aligned} \tag{3.25}$$

Der zulässige Bereich für diese Aufgabe ist in Abb. 14 schraffiert eingezeichnet. Eine Entartung tritt offenbar in dem Eckpunkt $(x_1, x_2) = (1, 1)$ auf.

Die Nebenbedingung (C) ist hier allerdings überflüssig. (In höherdimensionalen Beispielen besteht aber kein notwendiger Zusammenhang zwischen der Entartung eines Eckpunktes und der Aussage, daß eine Nebenbedingung überflüssig ist.)

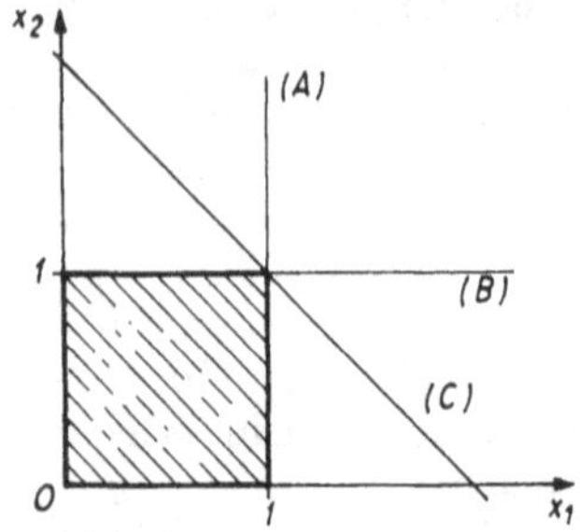

Abb. 14

In Tab. 12 sind alle aus den Ausgangsdaten erzeugbaren zulässigen erweiterten Simplextableaus R 1 bis R 6 zusammengestellt.

Tabelle 12

R 1

	x_1	x_2	
y_1	1	0	1
y_2	0	1	1
y_3	1	1	2
u_1 ·	1	2	0
u_2	0	1	0

R 2

	y_1	x_2	
x_1	1	0	1
y_2	0	1	1
y_3	−1	1	1
u_1	−1	2	−1
u_2	0	1	0

R 3

	x_1	y_2	
y_1	1	0	1
x_2	0	1	1
y_3	1	−1	1
u_1 ·	1	−2	−2
u_2	0	−1	−1

R 4

	y_1	y_2	
x_1	1	0	1
x_2	0	1	1
y_3	−1	−1	0
u_1 ·	−1	−2	−3
u_2 ·	0	−1	−1

Tabelle 12 (Fortsetzung)

R 5

	y_3	y_2	
y_1	−1	1	0
x_2	0	1	1
y_3	1	−1	1
u_1 ·	−1	−1	−3
u_2	0	−1	−1

R 6

	y_1	y_3	
x_1	1	0	1
y_2	1	−1	0
x_2	−1	1	1
u_1 ·	1	2	−3
u_2	1	−1	−1

Der in R 1 beschriebene Eckpunkt 1 mit den Koordinaten (0, 0) ist optimale Lösung derjenigen Optimierungsaufgaben, die aus (3.25) für Parameter u_1, u_2 folgen, die dem aus R 1 ablesbaren Ungleichungssystem

$$u_1 \leqq 0,$$
$$2u_1 + u_2 \leqq 0$$

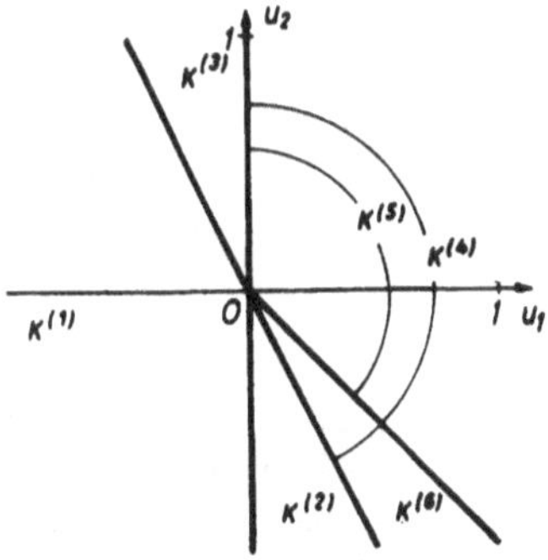

Abb. 15

genügen; das ist die in Abb. 15 als Kegel $K^{(1)}$ dargestellten Parametermenge. Dem Eckpunkt (1, 0) entspricht nach Tableau R 2 dann der Kegel $K^{(2)}$ der Parameter u_1, u_2 mit

$$-u_1 \leqq 0,$$
$$2u_1 + u_2 \leqq 0,$$

und dem Eckpunkt (0, 1) nach Tableau R 3 der Kegel $K^{(3)}$ der Parameter u_1, u_2 mit

$$\begin{aligned} u_1 \qquad &\leqq 0, \\ -2u_1 - u_2 &\leqq 0. \end{aligned}$$

Die Tableaus R 4, R 5 und R 6 repräsentieren alle den Eckpunkt (1, 1). Die sich aus ihnen ergebenden Einteilungskegel stimmen aber nicht überein:

Aus dem Tableau R 4 ergibt sich der Kegel $K^{(4)}$ mit den Parametern u_1, u_2, die den Ungleichungen

$$\begin{aligned} -u_1 \qquad &\leqq 0, \\ -2u_1 - u_2 &\leqq 0 \end{aligned}$$

genügen, aus dem Tableau R 5 der Kegel $K^{(5)}$ mit den Parametern u_1, u_2, für die gilt

$$\begin{aligned} -u_1 \qquad &\leqq 0, \\ -u_1 - u_2 &\leqq 0 \end{aligned}$$

und aus Tableau R 6 der Kegel $K^{(6)}$ mit der Beschreibung

$$\begin{aligned} u_1 + u_2 &\leqq 0, \\ -2u_1 - u_2 &\leqq 0. \end{aligned}$$

Die Menge $K^{(4)}$ ist hier die Vereinigung der Mengen $K^{(5)}$ und $K^{(6)}$. Die Überdeckung von A mit Kegeln ist hier also nicht eindeutig bestimmt. Die Mengen $K^{(5)}$ und auch $K^{(6)}$ haben nicht die im Lösungsbegriff für parametrische Aufgaben geforderte Maximalität (nach unseren obigen Darlegungen hätten sie also die Bezeichnung ${}^{T}K^{(5)}$ und ${}^{T}K^{(6)}$ zu erhalten). Andererseits zeigt uns jedoch dieses Beispiel, daß es auch im Fall einer Entartung möglich ist, die Einteilung von A mit Hilfe der Simplexmethode vollständig zu bestimmen, solange man im Parameterraum eine geometrische Orientierung hat.

3.5. *Die Zielfunktion*

Bei einer linearen Optimierungsaufgabe besitzt die Zielfunktion in einem optimalen Eckpunkt (falls es einen solchen gibt) einen wohldefinierten, bei unserer Formulierung (3.1) den größtmöglichen Wert.

Schon in Kap. 2 hat die Untersuchung des Beispiels 3 die Parameterabhängigkeit in der Zielfunktion einer mehrparametrischen Aufgabe des Typs I verdeutlicht. Im Abschnitt 3.3 haben wir dieses Beispiel mit der erweiterten Simplexmethode ausführlich behandelt.

Der von zwei Parametern abhängige Ausdruck lautete

$$z = \sum_{j=1}^{n} (u_1 c_{1j} + u_3 c_{3j})\, x_j\,,$$

er läßt sich umformen zu

$$\begin{aligned} z &= u_1 \sum_{j=1}^{n} c_{1j} x_j + u_3 \sum_{j=1}^{n} c_{3j} x_j \\ &= u_1 z_1 + u_3 z_3 . \end{aligned}$$

Für jeden Eckpunkt des zulässigen Bereichs sind z_1, z_3 wohldefinierte Zahlen. Sie sind aus dem zu diesem Eckpunkt gehörenden erweiterten Simplextableau ablesbar, denn für die in den Feldern rechts unten stehenden Zahlen $\tilde{z}_1, \tilde{z}_3$ gilt (vgl. Abschnitt 3.1.)

$$z_1 = -\tilde{z}_1\,, \qquad z_3 = -\tilde{z}_3 .$$

Es sei $K^{(r)}$ der polyedrische Einteilungskegel im Parameterraum, der dem Eckpunkt r des zulässigen Bereichs zugeordnet ist; des weiteren wollen wir annehmen, daß $K^{(r)}$ Punkte $(u_1, u_3) \neq (0, 0)$ enthält. Dann ist über diesem $K^{(r)}$ die lineare Funktion

$$z^{(r)} = -u_1 \tilde{z}_1 - u_3 \tilde{z}_3$$

definiert. Sie läßt sich für das betrachtete Beispiel aus Tab. 6, 7, 8 und 9 ablesen:

$$
\begin{aligned}
z^{(1)} &= 0u_1 + 0u_3 = 0 && \text{für} \quad (u_1, u_3) \in K^{(1)}, \\
z^{(2)} &= \frac{50}{3} u_1 - \frac{10}{3} u_3 && \text{für} \quad (u_1, u_3) \in K^{(2)}, \\
z^{(3)} &= 16u_1 - 6u_3 && \text{für} \quad (u_1, u_3) \in K^{(3)} \quad \text{und} \\
z^{(4)} &= 10u_1 - \frac{20}{3} u_3 && \text{für} \quad (u_1, u_3) \in K^{(4)}.
\end{aligned}
\tag{3.26}
$$

Über den einzelnen Kegeln sind diese Funktionen natürlich jeweils linear. Welches Bild ergibt sich nun über der (u_1, u_3)-Ebene insgesamt; mit anderen Worten, wie sieht die Funktion

$$
z = \begin{cases} z^{(1)} & \text{für} \quad (u_1, u_3) \in K^{(1)} \\ z^{(2)} & \text{für} \quad (u_1, u_3) \in K^{(2)} \\ z^{(3)} & \text{für} \quad (u_1, u_3) \in K^{(3)} \\ z^{(4)} & \text{für} \quad (u_1, u_3) \in K^{(4)} \end{cases}
\tag{3.27}
$$

aus?

Wir untersuchen zunächst, ob z stetig ist. Für Unstetigkeiten kommen gemäß (3.26) und (3.27) nur die Berandungen der jeweiligen Definitionsbereiche in Frage. Das sind die Strahlen, längs derer je zwei Kegel benachbart sind (vgl. Abb. 13).

Die Kegel $K^{(1)}$ und $K^{(2)}$ sind längs des Strahls

$$S^{(1)} = \{(u_1, u_3) | u_3 = 5u_1, u_3 \geqq 0\}$$

benachbart; $S^{(1)}$ ist die Menge der den Kegeln $K^{(1)}$ und $K^{(2)}$ gemeinsamen Punkte.

Nach (3.26) ist $z^{(1)} = 0$ für alle (u_1, u_3) aus $K^{(1)}$, also auch für $(u_1, u_3) \in S^{(1)}$. Andererseits ergibt sich aus der Zugehörigkeit von $S^{(1)}$ zu $K^{(2)}$, daß aus der entsprechenden Darstellung der Zielfunktion über $K^{(2)}$ (vgl. 3.26)

$$z^{(2)} = \frac{50}{3} u_1 - \frac{10}{3} u_3, \qquad (u_1, u_3) \in K^{(2)},$$

wegen

$$u_3 = 5u_1, \qquad (u_1, u_3) \in S^{(1)},$$

für $z^{(2)}$ über $S^{(1)}$ folgt, daß

$$z^{(2)} = \frac{50}{3} u_1 - \frac{10}{3} 5u_1 = 0, \qquad (u_1, u_3) \in S^{(1)}.$$

Die Funktion z ist also auf $S^{(1)}$ stetig.

Dieser rechnerische Nachweis läßt sich für die in Abschnitt 3.3. angegebenen Strahlen $S^{(2)}$, $S^{(3)}$ und $S^{(4)}$ ebenso einfach erbringen: z ist damit in unserem Beispiel durchweg stetig.

In Abb. 6 von Kap. 2 ist das Aussehen von z über dem Quadrat $\{(u_1, u_3) \mid |u_1| \leqq 1, |u_3| \leqq 1\}$ dargestellt. Die abgebildete Funktion $z = z(u_1, u_2)$ — man bezeichnet sie als *Lösungsfunktion* der parametrischen Aufgabe — ist konvex. Diese Eigenschaft gilt für die mehrparametrische lineare Optimierungsaufgabe vom Typ I allgemein:

E 7: Über dem Bereich A von Parameterpunkten, für welche eine mehrparametrische lineare Optimierungsaufgabe des Typs I in lösbare lineare Optimierungsprobleme übergeht, ist die Lösungsfunktion

$$z = \max_{\substack{(x_1, \ldots, x_n) \\ \text{zulässig}}} \left\{ u_1 \sum_{j=1}^{n} c_{1j} x_j + u_2 \sum_{j=1}^{n} c_{2j} x_j + \cdots + u_d \sum_{j=1}^{n} c_{dj} x_j \right\} \tag{3.28}$$

stetig, konvex und über jedem $K^{(r)} \subset A$, $r \in \{1, \ldots, H\}$, linear.

Der in Kap. 2 formulierte Lösungsbegriff für lineare parametrische Aufgaben hat von vornherein auf die Bestimmung einer optimalen Lösung schlechthin (das erklärte Ziel in der üblichen linearen Optimierung) verzichtet. Schon aus unserem Beispiel 3 ist offensichtlich, daß die Zielfunktion für einen Teil des Lösbarkeitsbereichs A des entsprechenden parametrischen Problems, in unserem Fall über $K^{(2)}$, $K^{(3)}$ und $K^{(4)}$, für dem Betrag nach beliebig große Parameterwerte über alle Grenzen wächst.

Bei der Motivierung für die Art unserer Aufgabenstellung wurden u. a. die Parameter als variable Gewichte für die Anteile der Zielfunktion eingeführt, um den Einfluß unterschiedlicher Gewichtung der Anteile der Zielfunktion auf die Lösung erkennen zu können. Hier haben proportionale Veränderungen der Parameter keinen Einfluß: Wir erhalten für die Punkte $(u_1^0, \ldots, u_d^0)$ und $(\lambda u_1^0, \ldots, \lambda u_d^0)$ aus dem Parameterraum, $\lambda > 0$, keine unterschiedlichen Aussagen, da sich die für diese Parameter ergebenden linearen Optimierungsaufgaben nur bezüglich der Länge (nicht der Richtung) der Normalen der Zielfunktion unterscheiden, sie also dieselbe Optimalmenge besitzen. Falls $(u_1^0, \ldots, u_d^0)$ zum Beispiel dem Kegel $K^{(r)}$ angehört (bzw. der Menge N), so liegt auch $\lambda(u_1^0, \ldots, u_d^0)$ mit $\lambda > 0$ in $K^{(r)}$ (bzw. in N); dieses ergibt sich unmittelbar aus der Beschreibung von $K^{(r)}$ (vgl. 3.22). Für den Wert der Zielfunktion bekommt man $z(\lambda u_1^0, \ldots, \lambda u_d^0) = \lambda z(u_1^0, \ldots, u_d^0)$.

Im Beispiel 3 hätten wir eine vollständige Information über die Aufteilung der (u_1, u_3)-Ebene in Kegel $K^{(r)}$ bereits mit einer Untersuchung der Lösungen auf dem Rand des in Abb. 13 punktierten Quadrates gewonnen. Im d-dimensionalen Fall wird ein den Ursprung des Parameterraumes enthaltendes d-dimensionales Quader genügen.

3.6. Ein Algorithmus

Wie schon die einführenden Beispiele in Kap. 1 zeigten, können mehrparametrische lineare Optimierungsaufgaben aus unterschiedlichen Fragestellungen hervorgehen. Demgemäß werden die Forderungen an ein entsprechendes Rechenverfahren unterschiedlich sein.

Hier wollen wir folgende Aufgabe unterstellen: Es sind d Zielfunktionen

$$\begin{aligned} z_1 &= c_{11}x_1 + c_{12}x_2 + \cdots + c_{1n}x_n, \\ z_2 &= c_{21}x_1 + c_{22}x_2 + \cdots + c_{2n}x_n, \\ &\cdots \\ z_d &= c_{d1}x_1 + c_{d2}x_2 + \cdots + c_{dn}x_n \end{aligned}$$

gegeben, mit deren Hilfe geeignete optimale Programme über einem Restriktionsbereich

$$\sum_{j=1}^{n} a_{ij}x_j \leqq b_i, \qquad i = 1, \ldots, m,$$
$$x_j \geqq 0, \qquad j = 1, \ldots, n,$$

bestimmt werden sollen (vgl. dazu die entsprechende Problemstellung in Kap. 1 und Beispiel 2 in Kap. 2).

Um den Einfluß unterschiedlicher Gewichtungen der Einzelzielfunktionen auf die Auswahl der „optimalen" Punkte untersuchen zu können, formulieren wir die folgende parametrische Optimierungsaufgabe

$$z = u_1 z_1 + u_2 z_2 + \cdots + u_d z_d \qquad \text{maximal}, \tag{3.29}$$

wobei

$$\begin{aligned} \sum_{j=1}^{n} a_{ij}x_j &\leqq b_i, & i &= 1, \ldots, m, \\ x_j &\geqq 0, & j &= 1, \ldots, n. \end{aligned} \tag{3.30}$$

Dabei gehen wir davon aus, daß die d Vektoren $(c_{k1}, \ldots, c_{kn})$, $k = 1, 2, \ldots, d$, linear unabhängig sind. Anderenfalls ließe sich die Aufgabe auf ein parametrisches Problem mit einer geringeren Anzahl Parameter zurückführen (vgl. S. 29).

Zur Lösung der formulierten parametrischen Aufgabe wären entsprechend dem von uns angegebenen Lösungsbegriff alle Einteilungskegel $K^{(h)}$ und die Menge N des Raumes der Parameter $(u_1, \ldots, u_d)$ zu bestimmen, d. h. die vollständige Einteilung des Raumes R^d. Für höherdimensionale Beispiele, $d > 2$, führt das zu einem vergleichsweisen hohen Rechenaufwand. Die bisher vorgeführten Beispiele und deren Diskussion sowie die unter E 1 bis E 7 zusammengefaßten Eigenschaften lassen erkennen, daß im allgemeinen eine Durchmusterung aller Eckpunkte des Restriktionspolyeders unumgänglich ist.

Überlegungen aus dem Schlußabsatz des vorangegangenen Abschnitts (3.5) nutzend, läßt sich die Bestimmung der Lösung der parametrischen Aufgabe aber in der Hinsicht variieren, daß nur Einteilungsmengen einer bestimmten Teilmenge des Parameterraumes R^d berechnet werden. Als solche Teilmenge bietet sich z. B. der d-dimensionale Kubus Q an:

$$Q = \{(u_1, \ldots, u_d) \in R^d \mid -1 \leqq u_k \leqq 1, k = 1, \ldots, d\}.$$

Er enthält den Ursprung $(0, \ldots, 0)$ des Parameterraumes als inneren Punkt, er ist d-dimensional, konvex, abgeschlossen und beschränkt. Da alle Einteilungskegel $K^{(h)}$ und die Menge N den Ursprung als Randpunkt besitzen und jeweils mit einem vom Ursprung verschiedenen Punkt $(u_1^0, \ldots, u_d^0)$ auch den gesamten Strahl $\{\lambda(u_1^0, \ldots, u_d^0), \lambda > 0\}$ enthalten, genügt die Kenntnis einer Einteilung des d-dimensionalen Kubus Q zur Ermittlung der Aufteilung des gesamten Parameterraumes. Aus den eben genannten Gründen läßt sich die Einteilung des R^d sogar aus einer Einteilung des Randes ∂Q von Q erschließen. Auf jeder der $(d-1)$-dimensionalen Seiten von Q ist jeweils ein Parameter u_k, $k \in \{1, \ldots, d\}$, konstant; die Bestimmung von Einteilungsmengen auf einer solchen Seite ist daher eine Aufgabe mit $(d-1)$ Parametern.

Im Fall $d = 2$ bekommt man damit eine sehr einfache Aufgabe. Tatsächlich liegt dann nämlich entlang jeder — achsenparallelen — Seite des Quadrats Q (Beispiel: das punktierte Quadrat in Abb. 13) eine einparametrische Aufgabe vor. Das erleichtert die Rechenarbeit erheblich.

Im allgemeinen Fall — d. h. bei beliebigem d — erbringt die Bestimmung von Einteilungsmengen auf dem Rand des d-dimensionalen Kubus Q keine wesentliche Vereinfachung der ursprünglichen Aufgabenstellung, denn der Durchschnitt eines der konvexen polyedrischen Einteilungskegels $K^{(h)}$ mit einer Randseite von Q ist (bei beliebigem Q) ein konvexes Polyeder auf dieser Seite.

Ein vollständiges Lösen einer d-parametrischen Aufgabe des Typs I bedeutet demnach die vollständige Ermittlung dieser Polyeder. Das ist für Aufgaben mit größerem d aber mit erheblichem Rechenaufwand verbunden.

Um die Rechenzeit in der Größenordnung zu halten, die für eine gewöhnliche lineare Optimierungsaufgabe derselben Dimension erforderlich ist, nehmen wir uns in dem im weiteren vorgestellten Algorithmus nicht vor, die Einteilung des Randes von Q in Polyeder erschöpfend zu ermitteln.

Um andererseits nicht auf eine schematisch einseitige Auswertung durch ein Rechenprogramm angewiesen zu sein, soll in dem Algorithmus die Möglichkeit gegeben werden, gewisse interessierende Parameterbereiche besonders genau zu untersuchen. Wie könnte ein Rechenprogramm aussehen, das diese Wünsche erfüllt?

Wir schlagen folgendes Vorgehen vor:

Für die jeweilige Aufgabe ist ein gerichteter Streckenzug S auf dem Rande von Q vorzugeben, der aus achsenparallelen Teilstrecken $S^1, \ldots, S^q$ besteht, wobei jeweils der Endpunkt einer Teilstrecke S^r der Anfangspunkt der nachfolgenden Teilstrecke S^{r+1} ist. Formal kann man S in folgender Weise beschreiben:

Zahlenangabe	Bedeutung
$(u_1^0, \ldots, u_d^0) \in \partial Q$	Anfangspunkt von S, und damit von S^1;
$r_1 \in \{1, \ldots, d\}$	Index der Komponente des Anfangspunktes von S^1, die sich entlang S^1 ändert;
$u_{r_1}^1 \in [-1, +1]$	Größe der r_1-ten Komponente des Parameterpunktes im Endpunkt von S^1;
$(u_1^0, \ldots, u_{r_1-1}^0, u_{r_1}^1, u_{r_1+1}^0, \ldots, u_d^0) \in \partial Q$	Endpunkt der Teilstrecke S^1 und Anfangspunkt der Teilstrecke S^2 von S;

Zahlenangabe	Bedeutung
$r_2 \in \{1, \ldots, d\}$	Index der Komponente des Anfangspunktes von S^2, die sich entlang S^2 ändert;
$u^1_{r_2} \in [-1, +1]$	Größe der r_2-ten Komponente des Parameterpunktes im Endpunkt von S^2, alle anderen Komponenten dieses Endpunktes stimmen mit denen des Anfangspunktes von S^2 überein;

usw.

Einteilungsmengen der gegebenen d-parametrischen Aufgabe sollen nun nicht mehr auf der gesamten Randmenge ∂Q, sondern nur auf dem eben beschriebenen, vorzugebenden Streckenzug S bestimmt werden. Die Aufteilung von S stellt im Sinne des von uns in Kap. 2 formulierten Lösungsbegriffs nur eine Teilaussage dar. Da aber entlang jeder Teilstrecke einparametrische Teilaufgaben zu behandeln sind, läßt sich der Rechenaufwand in überschaubaren Größenordnungen halten. Die Einteilungsmengen auf S können in folgender Weise berechnet werden:

Für den festen Ausgangspunkt $(u_1{}^0, u_2{}^0, \ldots, u_d{}^0) \in S^1 \subset S$ sind die Koeffizienten der Zielfunktion wohlbestimmt. Das lineare Optimierungsproblem mit der Zielfunktion

$$z = u_1{}^0 z_1 + u_2{}^0 z_2 + \cdots + u_d{}^0 z_d \qquad \text{maximal}$$

oder ausgeschrieben

$$z = \sum_{r=1}^{d} u_r{}^0 c_{r1} x_1 + \cdots + \sum_{r=1}^{d} u_r{}^0 c_{rn} x_n \qquad \text{maximal} \quad (3.31)$$

und dem Restriktionsbereich (3.30) läßt sich mit der Simplexmethode lösen. Wir benutzen dazu das im Abschnitt 3.4. eingefuhrte erweiterte Simplextableau, in dem wir außer den d' Zeilen für die Koeffizienten c_{rj}, $r = 1, 2, \ldots, d$, $j = 1, 2, \ldots, n$, noch eine zusätzliche Zeile für die Koeffizienten der Zielfunktion im Anfangspunkt von S^1 mitführen; das sind nach (3.31) im Ausgangstableau die n Koeffizienten

$$c_j^0 = \sum_{r=1}^{d}{}' u_r^0 c_{rj}, \qquad j = 1, \ldots, n.$$

Diese zusätzliche Zeile entspricht der üblichen charakteristischen Zeile in herkömmlichen Simplextableaus. Sie ermöglicht es, bei den einzelnen durchzuführenden er-

Tabelle 13

	y_1	y_r	x_{r+1}	x_n	
x_1	$\bar{a}_{11}$	$\bar{a}_{1r}$	$\bar{a}_{1\,r+1}$	$\bar{a}_{1n}$	$\bar{b}_1$
$\vdots$	$\vdots$	$\vdots$	$\vdots$	$\vdots$	$\vdots$
x_r	$\bar{a}_{r1}$	$\bar{a}_{rr}$	$\bar{a}_{r,r+1}$	$\bar{a}_{rn}$	$\bar{b}_r$
y_{r+1}	$\bar{a}_{r+1\,1}$	$\bar{a}_{r+1\,r}$	$\bar{a}_{r+1,r+1}$	$\bar{a}_{r+1\,n}$	$\bar{b}_{r+1}$
$\vdots$	$\vdots$	$\vdots$	$\vdots$	$\vdots$	$\vdots$
y_m	$\bar{a}_{m1}$	$\bar{a}_{mr}$	$\bar{a}_{m\,r+1}$	$\bar{a}_{mn}$	$\bar{b}_m$
u_1	$\bar{c}_{1,1}$	$\bar{c}_{1r}$	$\bar{c}_{1,r+1}$	$\bar{c}_{1n}$	$\bar{\bar{z}}_1$
$\vdots$	$\vdots$	$\vdots$	$\vdots$	$\vdots$	$\vdots$
u_d	$\bar{c}_{d,1}$	$\bar{c}_{dr}$	$\bar{c}_{d\,r+1}$	$\bar{c}_{d,n}$	$\bar{\bar{z}}_d$
	$\bar{c}_1^0$	$\bar{c}_r^0$	$\bar{c}_{r+1}^0$	$\bar{c}_n^0$	$\bar{\bar{z}}^0$

weiterten Simplextransformationen eindeutig die Austauschspalte festzulegen. Erhält man ein Tableau, in dem die Größen dieser zusätzlichen Zeile alle nichtpositiv sind, so haben wir fur die Aufgabe (3.31)/(3.30) einen optimalen Lösungspunkt gefunden, er sei mit $(x_1^0, \ldots, x_n^0)$ bezeichnet. Ohne Beschränkung der Allgemeinheit können wir annehmen, daß Tab. 13 gerade dieses ermittelte Schlußtableau wiedergibt. (Ist die Aufgabe unlösbar, so gehen wir zum Endpunkt der Teilstrecke S^1 über und versuchen, ob die sich für diese Parameterwerte ergebende lineare Optimierungsaufgabe eine optimale Lösung hat.)

Die Größen $\bar{c}_j^0$ in der zusätzlichen Zeile von Tab. 13 hängen mit den Größen $\bar{c}_{rj}$ dieses Tableaus wie folgt zusammen:

$$\bar{c}_j^0 = \sum_{r=1}^{d} u_r^0 \bar{c}_{rj}, \qquad j = 1, \ldots, n. \tag{3.32}$$

Für sie gilt nach dem eben Dargelegten

$$\bar{c}_j^0 \leqq 0, \qquad j = 1, \ldots, n. \tag{3.33}$$

Wir wissen nun, welche Lösung die sich im Parameterpunkt $(u_1^0, u_2^0, \ldots, u_d^0)$ ergebende lineare Optimierungsaufgabe hat und fragen nach weiteren Parameterpunkten auf der Teilstrecke S^1, für welche die sich aus (3.29)/(3.30) ergebenden linearen Optimierungsaufgaben ebenfalls den Optimalpunkt $(x_1^0, \ldots, x_n^0)$ besitzen. Da sich auf der Strecke S^1 entsprechend der oben angenommenen Beschreibung von S nur der Parameter u_{r_1} verändert, haben wir es hier mit einem einparametrischen Problem zu tun. Die Strecke S^1 läßt sich mit einem einzigen Parameter d_{r_1} beschreiben:

$$S^1 = \{(u_1, \ldots, u_d) | u_r = u_r^0, r = 1, \ldots, r_1 - 1, r_1 + 1, \ldots, d;$$
$$u_{r_1} = u_{r_1}^0 + d_{r_1}, d_{r_1} \in [0, u_{r_1}^1 - u_{r_1}^0]\}. \tag{3.34}$$

Die Gesamtheit der Parameterpunkte $(u_1, \ldots, u_d)$ aus S^1, für die $(x_1^0, \ldots, x_n^0)$ optimaler Punkt der entsprechenden Optimierungsaufgaben ist, bekommt man nun (vgl. Abschnitt 3.4., insbesondere dort das Ungleichungssystem (3.22)) als Lösungsmenge des folgenden Systems

$$\begin{aligned} \bar{c}_{1j}u_1 + \cdots + \bar{c}_{dj}u_d \leqq 0, \qquad j = 1, \ldots, n, \\ (u_1, \ldots, u_d) \in S^1. \end{aligned} \tag{3.35}$$

Nehmen wir nun die Beschreibung (3.34) von S^1 hinzu,

so lautet (3.35) dann

$$\bar{c}_{1j}u_1^0 + \cdots + \bar{c}_{r_1j}u_{r_1}^0 + \cdots + \bar{c}_{dj}u_d^0 + \bar{c}_{r_1j}d_{r_1} \leqq 0,$$
$$j = 1, \ldots, n,$$

bzw. unter Hinzuziehung von (3.32)

$$\bar{c}_j^0 + \bar{c}_{r_1j}d_{r_1} \leqq 0, \qquad j = 1, \ldots, n. \tag{3.36}$$

Für alle d_{r_1}, die diesen Ungleichungen genügen, erhält man Parameterpunkte $(u_1, \ldots, u_d)$ aus S^1, die die parametrische Aufgabe (3.29)/(3.30) in lineare Optimierungsaufgaben mit dem Optimalpunkt $(x_1^0, \ldots, x_n^0)$ überführen. Die gestellte Frage nach einem zum Eckpunkt $(x_1^0, \ldots, x_n^0)$ des Restriktionspolyeders (3.30) gehörenden Einteilungsintervall I^0 auf S^1 ist damit beantwortet.

Da die Größen $\bar{c}_{r_1j}$ und $\bar{c}_j^0$ in Tab. 13 explizit vorliegen, läßt sich aus (3.36) leicht ermitteln, innerhalb welcher Grenzen sich d_{r_1} ohne Änderung der Optimalität von $(x_1^0, \ldots, x_n^0)$ bewegen kann. Nach Voraussetzung (vgl. (3.33)) gilt einmal $(u_1^0, \ldots, u_r^0, \ldots, u_d^0) \in I^0$ und zum anderen ist dieser Punkt auch, da wir nach Einteilungen auf S^1 suchen, ein Endpunkt des Intervalls I^0. Den zweiten Endpunkt — wir wollen ihn mit $(u_1^0, \ldots, u_{r_1}^0 + \underline{d}_{r_1}, \ldots, u_d^0)$ bezeichnen — bekommt man, wie sich der Leser leicht überzeugen kann, im Fall $u_{r_1}^1 - u_{r_1}^0 \geqq 0$ aus (3.36) als

$$\underline{d}_{r_1} = \min\left\{u_{r_1}^1 - u_{r_1}^0,\ \inf_{\bar{c}_{r_1j}>0}\left\{\frac{-\bar{c}_j^0}{\bar{c}_{r_1j}}\right\}\right\}, \tag{3.37a}$$

und im Fall $u_{r_1}^1 - u_{r_1}^0 \leqq 0$ aus (3.36) als

$$\underline{d}_{r_1} = \max\left\{u_{r_1}^1 - u_{r_1}^0,\ \sup_{\bar{c}_{r_1j}<0}\left\{\frac{-\bar{c}_j^0}{\bar{c}_{r_1j}}\right\}\right\}. \tag{3.37b}$$

Offenbar gilt, daß

$$\underline{d}_{r_1} \in [0, u_{r_1}^1 - u_{r_1}^0],$$

und der Punkt $(u_1^0, \ldots, u_{r_1-1}^0, u_{r_1}^0 + \underline{d}_{r_1}, u_{r_1+1}^0, \ldots, u_d^0)$ gehört der Teilstrecke S^1 an. Es kann der Ausgangspunkt

$(u_1{}^0, \ldots, u_d{}^0)$ sein, ein innerer Punkt von S^1 (sobald nämlich $0 < |\underline{d}_{r_1}| < |u_{r_1}^0 - u_{r_1}^1|$ ist) oder aber der Endpunkt $(u_1{}^0, \ldots, u_{r_1-1}^0, u_{r_1}^1, u_{r_1+1}^0, \ldots, u_d{}^0)$ von S^1.

Tritt der letztere Fall ein, so wird dieser Eckpunkt, der zugleich Ausgangspunkt der Teilstrecke S^2 ist, wiederum in die Zielfunktion der parametrischen Aufgabe (3.29)/(3.30) eingesetzt. Tab. 13 ist für die sich so ergebende lineare Optimierungsaufgabe offenbar auch das optimale Tableau, wenn in der hinzugefügten charakteristischen Zeile die Größen $\bar{c}_j{}^0$, $j = 1, \ldots, n$, nun durch die Größen $\bar{c}_j{}^1$ ersetzt werden, die unter Verwendung der Komponenten des Anfangspunktes von S^2 und der Größen $\bar{c}_{rj}$ aus Tab. 13 berechnet werden:

$$\bar{c}_j{}^1 = \sum_{\substack{r=1 \\ r \neq r_1}}^{d} u_r{}^0 \bar{c}_{rj} + u_{r_1}^1 \bar{c}_{r_1 j}, \qquad j = 1, \ldots, n.$$

Analog wie oben für S^1 beschrieben, läßt sich aus dem so abgeänderten Schlußtableau ein zum Punkte $(x_1{}^0, \ldots, x_n{}^0)$ gehörendes Einteilungsintervall auf der Strecke S^2 bestimmen, wobei man die wiederum mögliche einparametrische Beschreibung von S^2 benutzt.

Bekommt man aus (3.37a) bzw. (3.37b) als Endpunkt $\underline{d}_{r_1}$ von I^0 nicht den Endpunkt von S^1, sondern entweder den Ausgangspunkt (I^0 wäre dann eine einpunktige Menge) oder einen inneren Punkt der Teilstrecke S^1, so hat man nach weiteren Einteilungsmengen auf S^1 zu fragen. In diesem Fall ist im ermittelten Endpunkt von I^0 mindestens eine der Ungleichungen aus (3.36) als Gleichung erfüllt. Es gilt dann nämlich wegen (3.37), daß $\underline{d}_{r_1} \doteq -\dfrac{\bar{c}_j{}^0}{\bar{c}_{r_1 j}}$ für wenigstens ein $j \in \{1, \ldots, n\}$; dieses j sei im weiteren mit j^* bezeichnet. Für Parameterpunkte $(u_1{}^0, \ldots, u_{r_1-1}^0, u_{r_1}^0 + d_{r_1}, u_{r_1+1}^0, \ldots, u_d{}^0)$ mit $|d_{r_1}| > |\underline{d}_{r_1}|$ erhält man nun Optimierungsaufgaben, für die also das bisherige Schlußtableau keinem Optimalpunkt dieser Aufgaben mehr entspricht; zumindestens in der Spalte j^* wird das Optimalitätskriterium verletzt.

Man wird daher versuchen, ausgehend von der bisherigen (erweiterten) Tab. 13 eine erweiterte Simplextransformation mit der Spalte j^* als Austauschspalte durchzuführen. Ist eine solche Transformation möglich, erhalten wir ein neues erweitertes Tableau, es möge dem Eckpunkt $(x_1^1, \ldots, x_n^1)$ des Restriktionsbereiches (3.30) entsprechen. Die Größen in der hinzugefügten charakteristischen Zeile — sie seien mit $\bar{c}_j^1$ bezeichnet — können mit Hilfe des Parameterpunktes $(u_1^0, \ldots, u_{r_1-1}^0, u_{r_1}^0 + \underline{d}_{r_1}, u_{r_1+1}^0, \ldots, u_d^0)$ und den entsprechenden Größen aus dem neuen Tableau nach einer (3.32) analogen Formel berechnet werden. Gilt $\bar{c}_j^1 \leqq 0$, so besitzt die aus (3.29)/(3.30) für diesen Parameterpunkt folgende Optimierungsaufgabe nicht nur $(x_1^0, \ldots, x_n^0)$ als optimalen Lösungspunkt, sondern auch $(x_1^1, \ldots, x_n^1)$. Mit Hilfe eines Ungleichungssystems der Form (3.36) läßt sich dann ermitteln, ob es weitere Parameterpunkte auf S^1 gilt, für die sich aus der parametrischen Aufgabe lineare Optimierungsprobleme mit $(x_1^1, \ldots, x_n^1)$ als optimaler Lösung ergeben. Die Gesamtheit solcher Parameterpunkte werde durch I^1 bezeichnet. Mit dem Endpunkt des Intervalls I^1 kann die Rechnung dann wieder fortgesetzt werden.

Besitzen im Algorithmus auftretende lineare Optimierungsprobleme keine Lösung, so durchläuft S die Einteilungsmenge N derjenigen Parameterpunkte, für welche die aus (3.29)/(3.30) folgenden Aufgaben unlösbar sind. Es empfiehlt sich, den Algorithmus mit dem Anfangspunkt der jeweils folgenden Teilstrecke fortzusetzen.

Mit dem eben beschriebenen Vorgehen läßt sich schrittweise eine Einteilung des gegebenen Streckenzuges S berechnen. Diese gibt uns eine Teilauskunft über die Lösung der betrachteten parametrischen Aufgabe. Unter Verwendung der jeweiligen erweiterten Schlußtableaus ließen sich nun noch (sobald die zugehörigen Eckpunkte nicht entartet sind), die vollständigen Einteilungskegel $K^{(h)}$ der entsprechenden Eckpunkte angeben (vgl. das

Ungleichungssystem (3.22) im Abschnitt 3.4.). Es gibt aber im allgemeinen nicht die Möglichkeit, alle Einteilungskegel zu bestimmen, da der Streckenzug S nicht alle Kegel durchlaufen muß.

Die von uns hier vorgeschlagene Methode läßt aber eine vernünftige Rechenzeit erwarten, da nach der Ermittlung eines optimalen Lösungspunktes für den Wert des Parametervektors im Ausgangspunkt des Streckenzuges S gewöhnlich eine Simplextransformation genügt, um das jeweils nächste „optimale“ Tableau und das diesem zugehörige Einteilungsintervall zu ermitteln. Es sei hier auch noch darauf verwiesen, daß durch die Vorgabe eines Streckenzuges S im Parameterraum die in den vorangegangenen Abschnitten aufgetretene Schwierigkeit der Auswahl der Austauschspalte in den erweiterten Simplextableaus umgangen wird.

Der Ablauf eines Computerprogramms für das vorgeschlagene Vorgehen zur Bestimmung von Einteilungsintervallen auf einem Streckenzug im Parameterraum kann in folgender Weise organisiert werden:

0. Eingabe der Größen a_{ij}, b_i, c_{rj}, $i = 1, 2, \ldots, m$; $j = 1, 2, \ldots, n$; $r = 1, 2, \ldots, d$. Eingabe des Anfangspunktes $(u_1{}^0, u_2{}^0, \ldots, u_d{}^0)$ des Streckenzugs S. Vorgabe einer Schranke ε für Genauigkeitskontrollen und Prüfung auf Null. Setze $M = 0$.

1. Eingabe von r, $r \in \{1, \ldots, d\}$ (Index der sich jeweils ändernden Komponente auf S). Ende des Streckenzuges? Falls ja: Halt, sonst Eingabe von $u_r{}^1$ (Endwert der sich jeweils ändernden Komponente des Parameterpunktes).

2. Berechnung der Koeffizienten $c_j{}^0$ der Zielfunktion im Punkt $(u_1{}^0, u_2{}^0, \ldots, u_d{}^0)$

$$c_j{}^0 = \sum_{r=1}^{d} c_{rj} u_r{}^0, \qquad j = 1, 2, \ldots, n.$$

Ist $M = 0$? Falls nein: weiter bei 4. Sonst: Berechnung der für die Zielfunktion mit den Koeffizienten $c_j{}^0$ optimalen Lösung $(x_1^0, x_2^0, \ldots, x_n^0)$ mit der erweiterten Simplexmethode. Die c_{rj}, $r = 1, 2, \ldots, d$; $j = 1, 2, \ldots, n$, werden also mittransformiert.

Existiert überhaupt eine zulässige Lösung? Falls nein: Entsprechender Ausdruck, Halt. Sonst: Gibt es für $(u_1^0, u_2^0, \ldots, u_d^0)$ eine optimale Lösung? Falls ja: Fortsetzen bei 5. Falls nein:

3. $(u_1^0, u_2^0, \ldots, u_{r_1-1}^0, \underline{u}_{r_1}^0, u_{r_1+1}^0, \ldots, u_d^0)$ wird auf den Platz von $(u_1^0, u_2^0, \ldots, u_d^0)$ gesetzt. Weiter bei 1.

4. Ist $M = 2$? Falls nein: Weiter bei 5. Sonst: Ermittlung der Austauschspalte e gemäß $\bar{c}_e^0 = \max\limits_{\bar{c}_j^0 \geqq 0} \{\bar{c}_j^0\}$ und der Austauschzeile f. Existiert eine benachbarte optimale Lösung? Falls nein: Setze $M = 0$. Weiter bei 1. Falls ja: Simplextransformation (Austausch e gegen f). War $\bar{c}_e^0 > 0$? Falls ja: weiter bei 4. Sonst:

5. Ermittlung von $\underline{d}_r$ nach (3.37). Setze $u_r^0 + \underline{d}_r$ als r-te Komponente des Parameterpunktes ein.

6. Druck der Endpunkte des berechneten Intervalls auf dem Streckenzug, Druck des zugehörigen Eckpunktes des Restriktionsbereiches und der Werte der entsprechenden Zielfunktionen $z_1, \ldots, z_d$. Liegt der neue Parameterpunkt im Endpunkt einer Teilstrecke? Falls ja: Setze $M = 1$. Weiter bei 1 (Eingabe einer neuen Teilstrecke). Falls nein: Setze $M = 2$. Weitei bei 2 (Ermittlung einer benachbarten Lösung).

Programme, die das eben skizzierte Verfahren realisieren, sind für Aufgaben mit $d = 3$ und $d = 4$ Zielfunktionen bereits erprobt und auf konkrete Beispiele angewendet worden. Im nachfolgenden Abschnitt illustrieren wir an einem Beispiel die Lösung einer parametrischen Aufgabe nach dem hier vorgeschlagenen Algorithmus, vergleichen die erhaltene Einteilung des vorgegebenen Streckenzuges mit der vollständigen Lösung des Problems und geben einige Hinweise zur Auswertung der erzielten Ergebnisse.

3.7. Beispiel

Wir wollen zunächst die Lösung einer etwas größeren Aufgabe des Typs I beschreiben.

Beispiel 6.

$$z = u_1(3x_1 + 5x_2 + 4x_3) + u_2(x_1 + x_2 - x_3) + u_3(-2x_1 - x_2) \quad \text{maximal}, \tag{3.38}$$

wobei

$$\begin{aligned} 2x_1 + 3x_2 \qquad\qquad &\leqq 8, && \text{(A)} \\ 2x_2 + 5x_3 &\leqq 10, && \text{(B)} \\ 3x_1 + 2x_2 + 4x_3 &\leqq 16, && \text{(C)} \\ x_1, x_2, x_3 \qquad &\geqq 0. \end{aligned}$$

Beispiel 6 entsteht aus dem Beispiel 1 in Kap. 1, indem dort $v_1 = 1$, $v_2 = v_3 = 0$ gesetzt werden. Wir können also die für uns interessanten Tableaus aus denen des Anhangs durch Streichen der letzten beiden Spalten gewinnen. Zulässige Lösungen der betrachteten Aufgabe finden sich in T1, T2, T3, T7, T10, T14, T15 und T18; der in Abb. 16 dargestellte zulässige Bereich der Aufgabe besitzt 8 Eckpunkte. Er ist nicht entartet.

Nach Kap. 1 handelt es sich bei $z_1 = 3x_1 + 5x_2 + 4x_3$ um Inlanderlöse, bei $z_2 = x_1 + x_2 - x_3$ um Exporterlöse und bei $z_3 = -2x_1 - x_2$ um „Transporterlöse“, d. h. bei $-z_3 = 2x_1 + x_2$ um Transportkosten.

Motive für die Formulierung dieser Aufgabe als parametrische Optimierungsaufgabe könnten sein (vgl. dazu auch die Aufgabenstellung in Kap. 1), daß die Addition von Inland- und Exporterlösen unerwünscht ist und daß die Transportkosten etwa zu Lasten der Abnehmer gehen. Dann wird beim Auftraggeber für diese Rechnung nur eine begrenzte Bereitschaft vorliegen, vom eigenen Erlös zugunsten niedrigerer Transportkosten Abstriche zu machen. Gerade in einer solchen Situation interessiert der Einfluß unterschiedlicher Gewichtungen der Zielfunktionen auf die Lösungen und die zugehörigen

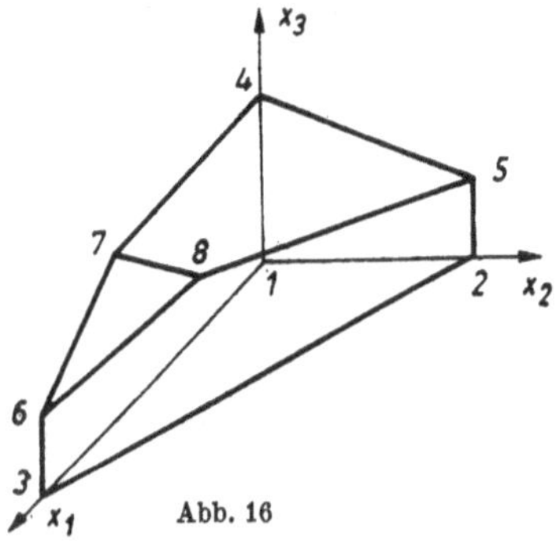

Abb. 16

Einzelwerte der Zielfunktionen. Die Gesamtzielfunktion $z = u_1 z_1 + u_2 z_2 + u_3 z_3$ hat lediglich den Rang einer Rechenhilfe; Zahlenwerte für z sind von geringem Interesse.

Für eine vollständige Illustration der Lösung von Beispiel 6 genügt als Definitionsbereich für die Parameter der Kubus

$$Q = \{(u_1, u_2, u_3) \mid -1 \leqq u_1 \leqq 1, \quad -1 \leqq u_2 \leqq 1, \quad -1 \leqq u_3 \leqq 1\}.$$

(Natürlich sind im Anwendungsfall negative Gewichte u_1, u_2, u_3 für Erlöse in der Regel uninteressant, man könnte sich auf den Parameterbereich

$$\tilde{Q} = \{(u_1, u_2, u_3) \mid 0 \leqq u_1 \leqq 1, \ 0 \leqq u_2 \leqq 1, \ 0 \leqq u_3 \leqq 1\}$$

beschränken.)

Aus den erwähnten Tableaus ergeben sich die folgenden Ungleichungssysteme für die Beschreibung der Einteilung des Parameterraumes, gleichzeitig erhält man aus ihnen die den Enteilungsmengen zugeordneten Eckpunkte des Restriktionsbereiches und die Werte der Zielfunktionen z_1, z_2, z_3:

Das Tableau T1 liefert für den Eckpunkt $(x_1^1, x_2^1, x_3^1) = (0, 0, 0)$ das Ungleichungssystem

$$\begin{aligned} 3u_1 + u_2 - 2u_3 &\leqq 0, \\ 5u_1 + u_2 - u_3 &\leqq 0, \\ 4u_1 - u_2 &\leqq 0 \end{aligned}$$

und $z_1^1 = 0$, $z_2^1 = 0$, $z_3^1 = 0$.

Das Tableau T2 liefert für den Eckpunkt $(x_1^2, x_2^2, x_3^2) = \left(0, \frac{8}{3}, 0\right)$ das Ungleichungssystem

$$\begin{aligned} -\frac{1}{3} u_1 + \frac{1}{3} u_2 - \frac{4}{3} u_3 &\leqq 0, \\ -\frac{5}{3} u_1 - \frac{1}{3} u_2 + \frac{1}{3} u_3 &\leqq 0, \\ 4u_1 - u_2 &\leqq 0 \end{aligned}$$

und $z_1^2 = \frac{40}{3}$, $z_2^2 = \frac{8}{3}$, $z_3^2 = -\frac{8}{3}$.

Das Tableau T3 liefert für den Eckpunkt $(x_1^3, x_2^3, x_3^3) = (4, 0, 0)$ das Ungleichungssystem

$$\begin{aligned} -\frac{3}{2} u_1 - \frac{1}{2} u_2 + u_3 &\leqq 0, \\ \frac{1}{2} u_1 - \frac{1}{2} u_2 + 2u_3 &\leqq 0, \\ 4u_1 - u_2 &\leqq 0 \end{aligned}$$

und $z_1^3 = 12$, $z_2^3 = 4$, $z_3^3 = -8$.

Das Tableau T 7 liefert für den Eckpunkt $(x_1^4, x_2^4, x_3^4) = (0, 0, 2)$ das Ungleichungssystem

$$\begin{aligned} 3u_1 + u_2 - 2u_3 &\leqq 0, \\ \frac{17}{15} u_1 + \frac{7}{5} u_2 - u_3 &\leqq 0, \\ -\frac{4}{5} u_1 + \frac{1}{5} u_2 \qquad &\leqq 0 \end{aligned}$$

und $z_1^4 = 8$, $z_2^4 = -2$, $z_3^4 = 0$.

Das Tableau T 10 liefert für den Eckpunkt $(x_1^6, x_2^6, x_3^6) = (4, 0, 1)$ das Ungleichungssystem

$$\begin{aligned} -\frac{7}{8} u_2 + u_3 \qquad &\leqq 0, \\ 3u_1 - \frac{9}{8} u_2 + 2u_3 \quad &\leqq 0, \\ -u_1 + \frac{1}{4} u_2 \qquad\quad &\leqq 0 \end{aligned}$$

und $z_1^6 = 16$, $z_2^6 = 3$, $z_3^6 = -8$.

Das Tableau T 14 liefert für den Eckpunkt $(x_1^7, x_2^7, x_3^7) = \left(\frac{8}{3}, 0, 2\right)$ das Ungleichungssystem

$$\begin{aligned} \frac{7}{15} u_2 - \frac{8}{15} u_3 &\leqq 0, \\ 3u_1 + \frac{19}{15} u_2 - \frac{11}{15} u_3 &\leqq 0, \\ -u_1 - \frac{1}{3} u_2 + \frac{2}{3} u_3 &\leqq 0 \end{aligned}$$

und $z_1^7 = 16$, $z_2^7 = \frac{2}{3}$, $z_3^7 = -\frac{16}{3}$.

Das Tableau T 15 liefert für den Eckpunkt (x_1^5, x_2^5, x_3^5) $= \left(0, \frac{8}{3}, \frac{14}{15}\right)$ das Ungleichungssystem

$$\begin{aligned} \frac{11}{15} u_1 + \frac{1}{15} u_2 - \frac{4}{3} u_3 &\leqq 0, \\ -\frac{17}{15} u_1 - \frac{7}{15} u_2 + \frac{1}{3} u_3 &\leqq 0, \\ -\frac{4}{5} u_1 + \frac{1}{5} u_2 \qquad\qquad &\leqq 0 \end{aligned}$$

und $z_1^5 = \frac{256}{15}, z_2^5 = \frac{26}{15}, z_3^5 = -\frac{8}{3}$.

Das Tableau T 18 liefert für den Eckpunkt (x_1^8, x_2^8, x_3^8) $= \left(\frac{104}{41}, \frac{40}{41}, \frac{66}{41}\right)$ das Ungleichungssystem

$$\begin{aligned} -\frac{45}{41} u_1 - \frac{19}{41} u_2 + \frac{11}{41} u_3 &\leqq 0, \\ -\frac{24}{41} u_1 + \frac{9}{41} u_2 - \frac{16}{41} u_3 &\leqq 0, \\ -\frac{11}{41} u_1 - \frac{1}{41} u_2 + \frac{20}{41} u_3 &\leqq 0 \end{aligned}$$

und $z_1^8 = \frac{776}{41}, z_2^8 = \frac{78}{41}, z_3^8 = -\frac{248}{41}$.

Die Parameterbereiche lassen sich anschaulich darstellen. Es erweist sich, daß zu jedem angegebenen Eckpunkt ein dreidimensionaler Kegel von Parametern gehört. (Und natürlich ergibt sich für jeden Parameterpunkt eine lösbare lineare Optimierungsaufgabe, da der zulässige Restriktionsbereich unseres betrachteten Beispiels beschränkt ist.)

Abb. 17 zeigt eine Ansicht dreier Seiten des Kubus Q der zugelassenen Parameterwerte; die eingezeichneten

Einteilungspolyeder werden als Schnitt der Einteilungskegel (beschrieben durch die obigen Ungleichungssysteme) mit den Randseiten von Q erhalten.

Die Nummern der zugehörigen Eckpunkte sind in die Einteilungspolyeder eingetragen.

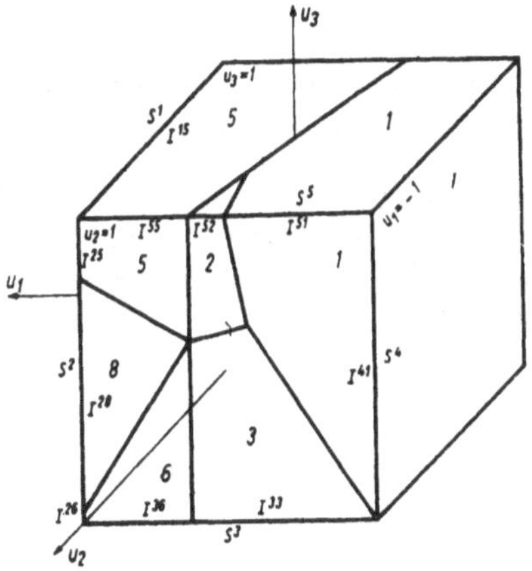

Abb. 17

Eine solche Zeichnung wird man in der Regel nicht anfertigen bzw. — sei es wegen der Kompliziertheit der Aufgabe oder wegen der unvollständigen Information über die Lösung — nicht anfertigen können.

Zu welchem Resultat gelangt man, wenn ein dem in Abschnitt 3.5 beschriebenen Algorithmus folgendes Rechenprogramm benutzt wird?

Besitzt man keinerlei Informationen über die Lösung, so liegt es nahe, als Streckenzug S die Kanten des Kubus Q anzunehmen. Dieser Streckenzug könnte die Eckpunkte von Q in folgender Reihenfolge miteinander verbinden:

$(1, 1, -1)$, $(1, -1, -1)$, $(1, -1, 1)$, $(1, 1, 1)$, $(1, 1, -1)$, $(-1, 1, -1)$, $(-1, 1, 1)$, $(1, 1, 1)$, $(1, -1, 1)$, $(-1, -1, 1)$, $(-1, 1, 1)$, $(-1, 1, -1)$, $(-1, -1. -1)$, $(-1, -1, 1)$, $(-1, -1, -1)$, $(1, -1, -1)$.

Die Kanten zwischen den Punkten

(1, −1, 1) und (1, 1, 1),

(−1, 1, −1) und (−1, 1, 1),

(−1, −1, −1) und (−1, −1, 1)

werden hier zweimal durchlaufen, um einen geschlossenen Streckenzug zu erhalten. Ein solches Vorgehen kann bei größeren Aufgaben als Genauigkeitskontrolle dienen.

Damit die hier vorzuführende Rechnung nicht zu umfangreich wird, wollen wir uns im folgenden auf einen in Abb. 17 sichtbaren Teil T des die Eckpunkte von Q verbindenden Streckenzuges S beschränken. Der Streckenzug T besteht aus den Strecken $S^1, S^2, \ldots, S^5$:

Strecke S^1 führt von (1, −1, 1) bis (1, 1, 1),

Strecke S^2 führt von (1, 1, 1) bis (1, 1, −1),

Strecke S^3 führt von (1, 1, −1) bis (−1, 1, −1),

Strecke S^4 führt von (−1, 1, −1) bis (−1, 1, 1) und

Strecke S^5 führt von (−1, 1, 1) bis (1, 1, 1).

Wir werden nun den Algorithmus aus Abschnitt 3.5 gemäß der dort angegebenen Teilschritte abarbeiten. Dabei verzichten wir auf die Diskussion speziell für Rechnerprogramme gedachter Anweisungen; z. B. berücksichtigen wir die für die Rechnung in Dezimalbrüchen wichtige Kontrollgröße ε hier nicht.

0. Der Anfangspunkt des Streckenzuges T ist $(u_1^0, u_2^0, u_3^0) = (1, -1, 1)$. Die zur Steuerung des Programmablaufes benutzte Größe M erhält den Wert 0.

1. Wir geben vor: Der Index der sich ändernden Parameterkomponente (auf S^1) ist $r = 2$. Die zweite Parameterkomponente kann sich (auf S^1) bis zum Endwert $u_2^1 = 1$ ändern.

2. Für den Anfangspunkt des Streckenzuges ergeben sich gemäß

$$c_j^0 = \sum_{r=1}^{3} c_{rj} u_r^0, \qquad j = 1, 2, 3,$$

als Koeffizienten der Zielfunktion:

$$c_1^0 = 0, \qquad c_2^0 = 3, \qquad c_3^0 = 5.$$

Da $M = 0$ ist, haben wir zu versuchen, mit der erweiterten Simplexmethode für die so entstandene lineare Optimierungsaufgabe eine optimale Lösung zu ermitteln. Das dazu notwendige Ausgangstableau ist in Tab. 14

Tabelle 14

	x_1	x_2	x_3	
y_1	2	3	0	8
y_2	0	2	5	10
y_3	3	2	4	16
u_1	3	5	4	0
u_2	1	1	−1	0
u_3	−2	−1	0	0
	0	3	5	0

dargestellt. Mit den obigen c_1^0, c_2^0 und c_3^0 in der charakteristischen Zeile ergibt sich Tab. 15 als Schlußtableau. Die dem Startpunkt des Streckenzuges zugeordnete lineare Optimierungsaufgabe ist, wie wir Tab. 15 entnehmen, lösbar; als optimale Lösung ergibt sich $(x_1^5, x_2^5, x_3^5) = \left(0, \frac{8}{3}, \frac{14}{15}\right)$.

(Bei der jeweils hochgestellten Numerierung der Eckpunkte des zulässigen Bereiches benutzen wir zur besseren Übersicht die Zahlen, die eingangs dieses Abschnittes in der Zusammenstellung der Lösung von Beispiel 6 verwendet wurden.)

Tabelle 15

	x_1	y_1	y_2	
x_2	$\frac{2}{3}$	$\frac{1}{3}$	0	$\frac{8}{3}$
x_3	$-\frac{4}{15}$	$-\frac{2}{15}$	$-\frac{1}{5}$	$\frac{14}{15}$
y_3	$\frac{41}{15}$	$-\frac{2}{15}$	$-\frac{4}{5}$	$\frac{104}{15}$
u_1 ·	$\frac{11}{15}$	$-\frac{17}{15}$	$-\frac{4}{5}$	$-\frac{256}{15}$
u_2	$\frac{1}{15}$	$-\frac{7}{15}$	$\frac{1}{5}$	$-\frac{26}{15}$
u_3 ·	$-\frac{4}{3}$	$\frac{1}{3}$	0	$\frac{8}{3}$
	$-\frac{2}{3}$	$-\frac{1}{3}$	-1	$-\frac{38}{3}$

5. Wegen $u_2^1 - u_2^0 > 0$ ist die größtmögliche Änderung $\underline{d}_2$ des Parameters u_2 auf der Strecke S^1 nach der Formel (3.37a) zu ermitteln. Wir erhalten

$$\underline{d}_2 = \min \{2, \inf \{10, 5\}\} = 2.$$

Das in Abb. 17 dargestellte Intervall I^{15}[1]) derjenigen Parameter auf S^1, für welche die zugehörigen linearen Optimierungsaufgaben die optimale Lösung (x_1^5, x_2^5, x_3^5) haben, fällt also mit S^1 zusammen. Wegen $\underline{d}_2 = 2$ bekommen wir für u_2 das Intervall $[u_2^0, u_2^0 + \underline{d}_2] = [-1, 1]$.

Wir setzen $u_2^0 + \underline{d}_2 = 1$ als r-te Komponente des Parameterpunktes ein und befinden uns damit im neuen Parameterpunkt $(u_1^0, u_2^0, u_3^0) = (1, 1, 1)$, dem Endpunkt von S^1 und Anfangspunkt von S^2.

---

[1]) Mit I^{rs} bezeichnen wir im weiteren ein Intervall auf S^r, dessen Parameterpunkte zu einer optimalen Lösung (x_1^s, x_2^s, x_3^s) führen.

6. Zur Ausgabe gelangen jetzt die Größen $(1, -1, 1)$ und $(1, 1, 1)$ als Endpunkte von I^{15}, die Größen $z_1^1 = \frac{256}{15}$, $z_2^1 = \frac{26}{15}$ und $z_3^1 = -\frac{8}{3}$ als die Werte der Einzelzielfunktionen und schließlich der zugehörige Eckpunkt $(x_1^5, x_2^5, x_3^5) = \left(0, \frac{8}{3}, \frac{14}{15}\right)$.

Wir setzen $M = 1$ und gehen zu Schritt 1.

1. Als nächsten Index der sich ändernden Parameterkomponente erhalten wir $r = 3$. (Wir befinden uns im Anfangspunkt von S^2.) Die Komponente u_3 kann sich bis zum Endwert $u_3^1 = -1$ ändern.

2. Im jetzt vorliegenden Parameterpunkt $(u_1^0, u_2^0, u_3^0) = (1, 1, 1)$ ergeben sich als Koeffizienten der Zielfunktion

$$\bar{c}_1^0 = -\frac{8}{15}, \qquad \bar{c}_2^0 = -\frac{19}{15}, \qquad \bar{c}_3^0 = -\frac{3}{5}.$$

Diese Zahlen denke man sich gemeinsam mit dem zum Parameterpunkt $(1, 1, 1)$ gehörenden Wert der Zielfunktion

$$\bar{z}^0 = +\frac{256}{15} + \frac{26}{15} - \frac{8}{3} = +\frac{242}{15}$$

als neue letzte Zeile in Tab. 15 eingetragen.

Wegen $M = 1$ haben wir bei Schritt 4 fortzufahren.

4. Wegen $M = 1$ folgt Schritt 5 (eine Simplextransformation ist wegen der negativen Werte $\bar{c}_1^0, \bar{c}_2^0, \bar{c}_3^0$ nicht notwendig). Auf der Strecke S^2 wird das Intervall I^2 derjenigen Parameter ermittelt, für die die sich ergebenden linearen Optimierungsaufgaben den Eckpunkt (x_1^5, x_2^5, x_3^5) als optimale Lösung besitzen.

Wegen $u_3^1 - u_3^0 < 0$ erhalten wir nach (3.37b)

$$\underline{d}_3 = \max\left\{-2, -\frac{2}{5}\right\} = -\frac{2}{5}.$$

Wir setzen $u_3^0 + \underline{d}_3 = 1 - \frac{2}{5} = \frac{3}{5}$ als r-te -Komponente des Parameterpunktes ein und befinden uns damit im neuen Parameterpunkt $(u_1^0, u_2^0, u_3^0) = \left(1, 1, \frac{3}{5}\right)$, einem inneren Punkt der Strecke S^2 (vgl. Abb. 17).

6. Die anzugebenden Informationen über I^{25} sind in Tab. 15 abzulesen. Da der neue Parameterpunkt $\left(1, 1, \frac{3}{5}\right)$ nicht Endpunkt von S^2 ist, wird $M = 2$ und es folgt Schritt 2.

2. Im Parameterpunkt $\left(1, 1, \frac{3}{5}\right)$ ergeben sich gemäß Tab. 15 als Elemente der charakteristischen Zeile

$$\bar{c}_1^0 = 0, \qquad \bar{c}_2^0 = -\frac{7}{5}, \qquad \bar{c}_3^0 = -\frac{3}{5}.$$

Der zugehörige Wert der Zielfunktion ist $\bar{z}^0 = \frac{86}{5}$.

Diese Zahlen werden in die Tab. 15 als neue letzte Zeile eingetragen. Es folgt Schritt 4.

4. Wegen $\bar{c}_1^0 = 0$ wird Spalte 1 für eine Simplextransformation vorgesehen. Nach den üblichen Regeln ergibt sich $e = 3$ als Austauschzeile.

Ein Austauschschritt der erweiterten Simplexmethode liefert als Ergebnis Tab. 16, sie entspricht dem Eckpunkt (x_1^8, x_2^8, x_3^8) in unserer eingangs gegebenen Übersicht.

Anschließend wird die Länge der zugehörigen Intervalls I^{28} auf S^2 ermittelt. Nach (3.37b) ergibt sich hier

$$\underline{d}_3 = \max\left\{-\frac{8}{5}, -\frac{123}{80}\right\} = -\frac{123}{80}.$$

Für alle Parameterpunkte aus dem so ermittelten Intervall I^{28}, das sind diejenigen mit $u_1 = 1$, $u_2 = 1$, $u_3 \in \left[\frac{3}{5}, \frac{3}{5} - \frac{123}{80}\right]$, ergibt sich jeweils für die zugehörigen linearen Optimierungsaufgaben $(x_1^8, x_2^8, x_3^8) = \left(\frac{404}{41}, \frac{40}{41}, \frac{66}{41}\right)$ als optimale Lösung (vgl. Abb. 17).

An dieser Stelle brechen wir die Rechnung ab, da die weiteren Schritte keine neuen Probleme aufwerfen.

Tabelle 16

	y_1	y_2	y_3	
x_1	$-\frac{2}{41}$	$-\frac{12}{41}$	$\frac{15}{41}$	$\frac{104}{41}$
x_2	$\frac{15}{41}$	$\frac{8}{41}$	$-\frac{10}{41}$	$\frac{40}{41}$
x_3	$-\frac{6}{41}$	$\frac{5}{41}$	$\frac{4}{41}$	$\frac{66}{41}$
u_1 ·	$-\frac{45}{41}$	$-\frac{24}{41}$	$-\frac{11}{41}$	$-\frac{776}{41}$
u_2 ·	$-\frac{19}{41}$	$\frac{9}{41}$	$-\frac{1}{41}$	$-\frac{78}{41}$
u_3	$\frac{11}{41}$	$-\frac{16}{41}$	$\frac{20}{41}$	$\frac{248}{41}$
	$-\frac{7}{5}$	$-\frac{3}{5}$	0	$-\frac{86}{5}$

Die Ergebnisse für den gesamten Streckenzug T sind in Tab. 17 zusammengestellt. Unter der Überschrift Zielfunktionswerte sind für unser Beispiel 6 mit der parameterabhängigen Zielfunktion (3.38) die Werte der Einzelfunktionen

$$z_1 = 3x_1 + 5x_2 + 4x_3,$$

$$z_2 = x_1 + x_2 - x_3 \qquad \text{und}$$

$$z_3 = -2x_1 - x_2$$

Tabelle 17

			Intervall	Zielfunktionswerte			Eckpunkt		
u_1	u_2	u_3	I^{rs}	z_1	z_2	z_3	x_1	x_2	x_3
1	$[-1, 1]$	1	I^{15}	$\frac{256}{15}$ 17,0667	$\frac{26}{15}$ 1,7333	$-\frac{8}{3}$ −2,6667	0	$\frac{8}{3}$	$\frac{14}{15}$
1	1	$\left[1, \frac{3}{5}\right]$	I^{25}	$\frac{256}{15}$ 17,0667	$\frac{26}{15}$ 1,7333	$-\frac{8}{3}$ −2,6667	0	$\frac{8}{3}$	$\frac{14}{15}$
1	1	$\left[\frac{3}{5}; -\frac{15}{16}\right]$	I^{28}	$\frac{776}{41}$ 18,9268	$\frac{78}{41}$ 1,9024	$-\frac{248}{41}$ −6,0488	$\frac{104}{41}$	$\frac{40}{41}$	$\frac{66}{41}$
1	1	$\left[-\frac{15}{13}, -1\right]$	I^{26}	16	3	−8	4	0	1
$\left[1, \frac{1}{4}\right]$	1	−1	I^{36}	16	3	−8	4	0	1
$\left[\frac{1}{4}, -1\right]$	1	−1	I^{33}	12	4	−8	4	0	0

-1	1	$[-1, 1]$	I^{41}	0	0	0	0	0	0
$[-1, 0]$	1	1	I^{51}	0	0	0	0	0	0
$\left[0, \frac{1}{4}\right]$	1	1	I^{52}	$\frac{40}{3}$ 13,3333	$\frac{8}{3}$ 2,6667	$-\frac{8}{3}$ −2,6667	0	$\frac{8}{3}$	0
$\left[\frac{1}{4}, 1\right]$	1	1	I^{55}	$\frac{256}{15}$ 17,0667	$\frac{26}{15}$ 1,7333	$-\frac{8}{3}$ 2,6667	0	$\frac{8}{3}$	$\frac{14}{15}$

angeben, die für den dem jeweiligen Parameterintervall zugeordneten Eckpunkt des Restriktionsbereiches entstehen. Für Vergleichszwecke sind, soweit notwendig, unter den genauen Zahlen auch auf vier Dezimalstellen gerundete Dezimalbrüche eingetragen.

Wir wollen nun versuchen, diese Ergebnisse auszuwerten.

Aus der Sicht der Werte z_1, z_2 und z_3 sind die in Tab. 18 angeführten Intervalle von Interesse.

Tabelle 18

	I^{15}, I^{25}, I^{55}	I^{28}	I^{26}, I^{36}	I^{33}	I^{52}
z_1	17,0667	18,9268	16	12	13,3333
z_2	1,7333	1,9024	3	4	2,6667
z_3	−2,6667	−6,0488	−8	−8	−2,6667

Für die Inlanderlöse (Werte z_1) führen Parameterpunkte aus I^{28} zu dem besten Ergebnis, es folgen solche aus I^{15}, I^{25} oder I^{55}. Für die letzteren Intervalle sind auch die Exporterlöse (z_2) geringer als bei I^{28}. Andererseits bekommt man für Parameter aus I^{15}, I^{25} und I^{55} wesentlich geringere Transportaufwände (z_3) als für solche aus I^{28}. Für Parameter aus I^{33} ergibt sich der Bestwert von 4 Einheiten für z_2 bei mäßigem Inlanderlös und erheblichen Transportkosten. Mit Parametern aus I^{26} und I^{36} lassen sich 3 Einheiten Exporterlös erzielen mit gleichem Transportaufwand wie bei I^{33}, aber erheblich verbessertem Inlanderlös. Vom Standpunkt des Transportaufwandes sind unter den aufgeführten Lösungen I^{25}, I^{55}, I^{15} und I^{52} gleich günstig.

Für größere Probleme empfiehlt es sich, eine solche Auswertung zu systematisieren.

Die erhaltene Einteilung des Streckenzuges T läßt sich auch noch in anderer Hinsicht auswerten, und zwar bezüglich der Stabilität der jeweiligen optimalen Lösung gegenüber Veränderungen in den Koeffizienten der Zielfunktion. So ergibt sich für Parameter aus I^{25}, I^{55}

und I^{15} bei den zugeordneten linearen Optimierungsaufgaben stets dieselbe Lösung. Diese Aussage ließe sich durch die Wahl eines weiteren Streckenzuges, der besonders interessante Bereiche auf dem Rande unseres Parameterwürfels durchläuft, präzisieren.

Wir wissen z. B. aus I^{15}, daß bei der festen Gewichtung $u_1 = 1$ für die Inlanderlöse und $u_3 = 1$ für die Transportkosten der Parameter u_2 das Intervall $[-1, 1]$ durchlaufen kann, ohne daß der zugeordnete Eckpunkt des Restriktionsbereiches sich ändert. Das läßt sich so interpretieren:

Können die Inlanderlöse und Transportkosten je Mengeneinheit als unveränderlich angenommen werden, so dürfen wegen

$$z_2 = x_1 + x_2 - x_3$$

und wegen $u_2 \in [-1, 1]$ die Exporterlöse für die drei Güter x_1, x_2, x_3 jeweils zwischen -1 und $+1$ Werteinheiten pro Mengeneinheit schwanken, ohne daß das als optimal ausgewiesene Sortiment $(x_1, x_2, x_3) = \left(0, \frac{8}{3}, \frac{14}{15}\right)$ geändert zu werden braucht.

Obwohl wir nur ein kleines Beispiel behandelt haben, zeigt sich deutlich die Aussagekraft eines mehrparametrischen Optimierungsmodells.

4. Lineare parametrische Optimierungsaufgaben mit Parametern in den rechten Seiten der Restriktionsungleichungen

4.1. Grundlagen

Als Aufgabe II der linearen parametrischen Optimierung hatten wir in Kap. 2 das Problem

$$z = \sum_{j=1}^{n} c_j x_j \qquad \text{maximal}, \tag{4.1}$$

wobei

$$\sum_{j=1}^{n} a_{ij}x_j \leqq \sum_{s=1}^{e} b_{is}v_s, \qquad i = 1, 2, \ldots, m, \tag{4.2}$$

$$x_j \geqq 0, \qquad j = 1, 2, \ldots, n, \tag{4.3}$$

eingeführt. Die Parameterpunkte sollen zunächst frei wählbar sein, für die Menge V^e der zugelassenen Parameterpunkte $(v_1, v_2, \ldots, v_e)$ gelte also $V^e = R^e$. Die Nebenbedingungen (4.2)/(4.3), deren rechte Seiten in (4.2) von den Parametern $v_1, v_2, \ldots, v_e$ abhängen, sind geometrisch nicht — wie die Nebenbedingungen einer Aufgabe der linearen Optimierung — als ein wohlbestimmtes konvexes Polyeder im R^n deutbar. Sie beschreiben vielmehr ein System von konvexen Polyedern, wobei durch die Wahl fester Parameterwerte $v_1^0, v_2^0, \ldots, v_e^0$ jeweils ein Element dieses Systems, ein konvexes Polyeder, realisiert wird (falls die betreffende Menge nicht leer ist).

Zur Veranschaulichung dieser Problematik sei auf das in Kap. 2 behandelte Beispiel 4 verwiesen. Wir haben dort auch auf einen Zusammenhang zwischen der Aufgabe I und der Aufgabe II der linearen parametrischen Optimierung aufmerksam gemacht, der sich aus einer Verallgemeinerung des Begriffes zueinander dualer Aufgaben in der linearen Optimierung ergab.

Bekanntlich werden die beiden linearen Optimierungsaufgaben

$$z = \sum_{j=1}^{n} c_j x_j \qquad \text{maximal}, \tag{4.4}$$

wobei

$$\sum_{j=1}^{n} a_{ij}x_j \leqq b_i, \qquad i = 1, 2, \ldots, m, \tag{4.5}$$

$$x_j \geqq 0, \qquad j = 1, 2, \ldots, n, \tag{4.6}$$

und

$$Z = \sum_{i=1}^{m} y_i b_i \qquad \text{minimal}, \tag{4.7}$$

wobei

$$\sum_{i=1}^{m} a_{ij} y_i \geqq c_j, \qquad j = 1, 2, \ldots, n, \tag{4.8}$$

$$y_i \geqq 0, \qquad i = 1, 2, \ldots, m, \tag{4.9}$$

als zueinander dual bezeichnet. Für die Lösungen dieser beiden Aufgaben liefert die Dualitätstheorie fundamentale Eigenschaften.

Unsere Aufgabe II ist für einen beliebig festgewählten Parameterpunkt $(v_1^0, v_2^0, \ldots, v_e^0)$ eine lineare Optimierungsaufgabe der Gestalt (4.4) bis (4.6) mit

$$b_i = \sum_{s=1}^{e} b_{is} v_s^0, \qquad i = 1, 2, \ldots, m,$$

als Werte für die rechten Seiten in (4.5). Unter Verwendung dieser Werte ergibt sich für die dazu duale Aufgabe gemäß (4.7) bis (4.9)

$$Z = \sum_{i=1}^{m} y_i \sum_{s=1}^{e} b_{is} v_s^0 \qquad \text{minimal,}$$

wobei

$$\sum_{i=1}^{m} a_{ij} y_i \geqq c_j, \qquad j = 1, 2, \ldots, n,$$

$$y_i \geqq 0, \qquad i = 1, 2, \ldots, m,$$

oder umgeformt

$$\tilde{Z} = -Z = \sum_{s=1}^{e} \sum_{i=1}^{m} (-v_s^0 b_{is})\, y_i \qquad \text{maximal,} \tag{4.10}$$

wobei

$$\sum_{i=1}^{m} (-a_{ij})\, y_i \leqq -c_j, \qquad j = 1, 2, \ldots, n, \tag{4.11}$$

$$y_i \geqq 0, \qquad i = 1, 2, \ldots, m. \tag{4.12}$$

Die aus (4.1) bis (4.3) für einen festen Punkt $(v_1^0, v_2^0, \ldots, v_e^0)$ erhaltene duale Aufgabe (4.10) bis (4.12) läßt sich als eine lineare Optimierungsaufgabe deuten, die aus dem parametrischen Problem

$$\tilde{Z} = \sum_{i=1}^{m} \sum_{s=1}^{e} (-b_{is}v_s)\, y_i \qquad \text{maximal} \qquad (4.13)$$

unter den Nebenbedingungen (4.11)/(4.12) durch Einsetzen des festen Vektors $(v_1^0, v_2^0, \ldots, v_e^0)$ entsteht. Die Aufgabe (4.13)/(4.11)/(4.12) ist aber eine mehrparametrische lineare Optimierungsaufgabe vom Typ I. In Verallgemeinerung des Dualitätsbegriffs aus der linearen Optimierung sagen wir, daß die parametrische Aufgabe (4.13)/(4.11)/(4.12) dual zur Aufgabe (4.1) bis (4.3) ist. Die Kenntnis der Lösungseigenschaften dieser Aufgabe vom Typ I – wir untersuchten sie in Kap. 3 – ist für die Herleitung der Lösungseigenschaften der Aufgabe II in Abschnitt 4.3 von wesentlichem Nutzen.

Zunächst werden wir jedoch wieder versuchen, mit einem zweiparametrischen Beispiel zu verallgemeinerungsfähigen Aussagen hinzuleiten.

Für die numerische Behandlung der parametrischen Aufgabe erweitern wir dabei wiederum – ähnlich wie bei der Aufgabe I – eine Simplexmethode. Statt der üblichen einen rechten Spalte im Simplextableau werden wir auf der rechten Seite $e + 1$ Spalten einrichten. In dem aus den Daten der Aufgabe (4.1) bis (4.3) folgenden Ausgangstableau stehen in diesen Spalten die Koeffizienten der auf den rechten Seiten der Ungleichungen (4.2) auftretenden linearen Ausdrücke; die $(e + 1)$-te Spalte ist in der Ausgangstabelle für die Größen b_i^0 reserviert, die man aus den rechten Seiten von (4.2) nach Einsetzen von konkreten Werten $v_1^0, \ldots, v_e^0$ für die Parameterkomponenten erhält:

$$b_i^0 = b_{i1}v_1^0 + \cdots + b_{ie}v_e^0, \qquad i = 1, \ldots, m.$$

In Tab. 19 ist ein solches Ausgangstableau angegeben. Es läßt sich in üblicher Weise Simplextransformationen unterwerfen, sobald für die Auswahl der Austauschzeile die zusätzliche $(e+1)$-te Spalte mit den Größen b_i^0 herangezogen wird, d. h., sobald man sich auf einen Parameterpunkt $(v_1^0, \ldots, v_e^0)$ festgelegt hat. Die Größen in den verbleibenden e zusätzlichen Spalten transformieren sich dann bei einem durchzuführenden Simplexschritt nach denselben Regeln wie die Größen b_i^0 und $\bar{z}^0$ in der $(e+1)$-ten Spalte.

Tabelle 19

	x_1	x_2	$\cdot$	x_n	v_1	$\cdots$	v_e	
y_1	a_{11}	a_{12}	$\cdots$	a_{1n}	b_{11}	$\cdots$	b_{1e}	b_1^0
y_2	a_{21}	a_{22}	$\cdot$	a_{2n}	b_{21}	$\cdot$	b_{2e}	b_2^0
				$\cdot$		$\cdot$	$\cdot$	
y_m	a_{m1}	a_{m2}		a_{mn}	b_{m1}	$\cdot$	b_{me}	b_m^0
	c_1	c_2	$\cdots$	c_n	0		0	0

Die Begründung für eine solche erweiterte Simplextransformation kann man in folgender Weise erhalten: Die Daten der Aufgabe (4.1) bis (4.3) werden in ein herkömmliches (also nicht erweitertes) Simplextableau eingetragen. In der rechten Spalte stehen statt der sonst konstanten Größen nun die linearen Ausdrücke $\sum_{s=1}^{e} b_{is}v_s$. Liegen auf Grund irgendwelcher Überlegungen Austauschspalte f und Austauschzeile g fest, so führen wir in üblicher Weise den Übergang zum benachbarten Simplextableau durch (vgl. Abschnitt 3.1), die transformierten Werte wollen wir durch einen Querstrich kennzeichnen. Für die rechte Spalte bekommt man nun (vergleiche Schritt c der in Abschnitt 3.1 beschriebenen Simplextransformation) in der Austauschzeile f

$$\bar{b}_f = \frac{\sum_{s=1}^{e} b_{fs}v_s}{a_{fg}} = \sum_{s=1}^{e} \frac{b_{fs}}{a_{fg}} v_s = \sum_{s=1}^{e} \bar{b}_{fs}v_s,$$

in den anderen Zeilen $i = 1, \ldots, m, i \neq f$,

$$\bar{b}_i = \sum_{s=1}^{e} b_{is} v_s - \frac{\left(\sum_{s=1}^{e} b_{fs} v_s\right) a_{ig}}{a_{fg}} = \sum_{s=1}^{e} \left(b_{is} - \frac{b_{fs} a_{ig}}{a_{fg}}\right) v_s$$

$$= \sum_{s=1}^{e} \bar{b}_{is} v_s .$$

In der rechten Spalte des transformierten Tableaus stehen offenbar wieder lineare Ausdrücke. Dabei ergibt sich jeder einzelne Koeffizient $\bar{b}_{is}$, $i = 1, \ldots, m$ und $s = 1, \ldots, e$, durch die übliche Transformation aus den Koeffizienten b_{is} der linearen Ausdrücke im Ausgangstableau. Die eben angegebenen — transformierten — linearen Ausdrücke lassen sich daher aus dem oben eingeführten erweiterten Tableau direkt ermitteln.

Die in der $(e + 1)$-ten zusätzlichen Spalte des transformierten erweiterten Tableaus stehenden — für einen festen Parameterpunkt $(v_1', \ldots, v_e^0)$ definierten — Größen $\bar{b}_i^0$ kann man nun auf zweierlei Weise erhalten: einmal durch eine direkte Anwendung der üblichen Transformationsregeln auf die $(e + 1)$-te Spalte des erweiterten Ausgangstableaus und zum anderen mittels der transformierten Koeffizienten $\bar{b}_{is}$ nach

$$\bar{b}_i^0 = \sum_{s=1}^{e} \bar{b}_{is} v_s^0 , \qquad i = 1, \ldots, m. \tag{4.14}$$

Ähnlich wie bei der parametrischen Aufgabe vom Typ I bleiben die Größen a_{ij} des inneren Tableaus bei einer Transformation parameterfrei. Man kann ebenso überprüfen, daß in unserer hier betrachteten Aufgabe auch die Größen in der charakteristischen Zeile nach einem Austauschschritt in dem neuen Tableau wieder parameterunabhängig sind.

Der zu einem Simplextableau gehörende Zielfunktionswert wird unter Verwendung der Größen der rechten Spalte berechnet. Sind diese Größen parameterabhängig, so wird auch der Wert der Zielfunktion von den Parametern abhängen. Wir bekommen für $\tilde{z}$ den Ausdruck

$$\tilde{z} = \sum_{i=1}^{r} \left(\sum_{s=1}^{e} \bar{b}_{is} v_s \right) \bar{c}_i , \tag{4.15}$$

falls wir einen allgemeinen Parameterpunkt $(v_1, \ldots, v_e)$ zulassen; d. h., $\tilde{z}$ wird mit Hilfe der Größen $\bar{b}_{is}$ aus den zusätzlichen Spalten ausgedrückt und ist eine lineare Funktion der Parameter $v_1, \ldots, v_e$. Das kommt noch deutlicher zum Ausdruck, wenn man in (4.15) die Summationsreihenfolge vertauscht und für $\sum_{i=1}^{r} \bar{b}_{is}\bar{c}_i$, $s = 1, \ldots, e$, die abkürzende Bezeichnung $\tilde{z}_s$ einführt; Formel (4.15) lautet jetzt

$$\tilde{z} = \sum_{s=1}^{e} \tilde{z}_s v_s . \tag{4.16}$$

Den zum speziellen Parameterpunkt $(v_1^0, \ldots, v_n^0)$ gehörenden Zielfunktionswert $\tilde{z}^0$ erhält man aus den Größen der $(e + 1)$-ten Spalte (vgl. (4.14)) nach (4.15) als

$$\tilde{z}^0 = \sum_{i=1}^{r} \bar{b}_i^0 \bar{c}_i$$

oder nach (4.16) als

$$\tilde{z}^0 = \sum_{s=1}^{e} \tilde{z}_s v_s^0 .$$

Die Transformationsformeln für den Übergang von den Größen $\tilde{z}_1, \ldots, \tilde{z}_e$ und $\tilde{z}^0$ im Ausgangstableau (in Tab. 19 haben sie den Wert Null) zu den Größen $\bar{\tilde{z}}_1, \ldots, \bar{\tilde{z}}_e$ und $\bar{\tilde{z}}^0$ im benachbarten Tableau lauten (das Zeichen $\sim$ deutet wieder an, daß es sich um negativ genommene Werte handelt: $\tilde{z}_1 = -z_1, \ldots, \tilde{z} = -\bar{z}$):

$$\bar{\tilde{z}}_s = \tilde{z}_s - b_{fs} \frac{c_g}{a_{fg}} , \qquad s = 1, \ldots, e,$$

$$\bar{\tilde{z}}^0 = \tilde{z}^0 - b_f^0 \frac{c_g}{a_{fg}}$$

(vgl. dazu die Transformationsformeln im Abschnitt 3.1., die Austauschspalte ist hier jedoch durch den Buchstaben g gekennzeichnet).

Wir wollen nun die eben beschriebene erweiterte Simplexmethode auf unsere parametrische Aufgabe (4.1) bis (4.3) anwenden. Es sei dazu ein Parametervektor $(v_1^0, \ldots, v_e^0)$ fest gewählt, und Tab. 19 möge als Ausgangstableau dienen.

Tabelle 20

	y_1	$\cdots$	y_r	x_{r+1}	$\cdots$	x_n	v_1	$\cdots$	v_e	
x_1	$\bar{a}_{11}$	$\cdots$	$\bar{a}_{1r}$	$\bar{a}_{1,r+1}$	$\cdots$	$\bar{a}_{1n}$	$\bar{b}_{11}$	$\cdots$	$\bar{b}_{1e}$	$\bar{b}_1^0$
$\vdots$										
x_r	$\bar{a}_{r1}$	$\cdots$	$\bar{a}_{rr}$	$\bar{a}_{r,r+1}$	$\cdots$	$\bar{a}_{rn}$	$\bar{b}_{r1}$	$\cdots$	$\bar{b}_{re}$	$\bar{b}_r^0$
y_{r+1}	$\bar{a}_{r+1,1}$	$\cdots$	$\bar{a}_{r+1,r}$	$\bar{a}_{r+1,r+1}$	$\cdots$	$\bar{a}_{r+1,n}$	$\bar{b}_{r+1,1}$	$\cdots$	$\bar{b}_{r+1,e}$	$\bar{b}_{r+1}^0$
$\vdots$										
y_m	$\bar{a}_{m1}$	$\cdots$	$\bar{a}_{mr}$	$\bar{a}_{m,r+1}$		$\bar{a}_{mn}$	$\bar{b}_{m1}$	$\cdots$	$\bar{b}_{me}$	$\bar{b}_m^0$
	$\bar{c}_1$	$\cdots$	$\bar{c}_r$	$\bar{c}_{r+1}$	$\cdots$	$\bar{c}_n$	$\bar{\bar{z}}_1$	$\cdots$	$\bar{\bar{z}}_e$	$\bar{\bar{z}}^0$

Nehmen wir an, daß die durch die Parameterwahl entstandene lineare Optimierungsaufgabe lösbar ist, so führt eine Folge von erweiterten Simplextransformationen Tab. 19 in ein Schlußtableau über, d. h. in ein Tableau, in dessen rechter Spalte (der $(e+1)$-ten zusätzlichen Spalte) nichtnegative Größen $\bar{b}_i^0$, $i = 1, \ldots, m$, und in dessen charakteristischer Zeile nichtpositive Größen $\bar{c}_j$, $j = 1, \ldots, n$, stehen. Ohne Beschränkung der Allgemeinheit unserer Überlegungen sei dieses durch Tab. 20 repräsentiert.

Aus diesem Tableau liest man $(x_1^0, \ldots, x_n^0) = (\bar{b}_1^0, \ldots, \bar{b}_r^0, 0, \ldots, 0)$ als den zugehörigen optimalen Punkt und $\bar{\bar{z}}^0 = \sum_{s=1}^{e} \bar{\bar{z}}_s v_s^0$ als den (negativ genommenen) zugehörigen optimalen Zielfunktionswert der für den Parameterpunkt $(v_1^0, \ldots, v_e^0)$ aus (4.1) bis (4.3) erhaltenen linearen Optimierungsaufgabe ab.

Entsprechend dem oben Dargelegten läßt sich aus Tab. 20 aber noch weiteres entnehmen. Dazu verzichten wir auf unseren festgewählten Parameterpunkt $(v_1^0, \ldots, v_e^0)$ und lassen einen beliebigen Punkt $(v_1, \ldots, v_n)$ zu. Mit Hilfe der e zusätzlichen Spalten mit den Größen $\bar{b}_{is}$, $i = 1, \ldots, m$ und $s = 1, \ldots, e$, kann man nach einer (4.14) entsprechenden Formel die neuen Werte $\bar{b}_i$ für die $(e + 1)$-te Spalte sofort berechnen:

$$\bar{b}_i = \sum_{s=1}^{e} \bar{b}_{is} v_s, \qquad i = 1, \ldots, m. \tag{4.17}$$

(Für das weitere denken wir uns anstelle der Größen $\bar{b}_i^0$ diese Größen $\bar{b}_i$ in die letzte Spalte von Tab. 19 eingetragen.)

Bei irgendeiner Festlegung eines Parametervektors $(v_1, \ldots, v_n)$ müssen diese $\bar{b}_i$ aber nicht mehr alle nichtnegativ sein. Das bedeutet, Tab. 20 besitzt zwar eine nichtpositive charakteristische Zeile (das heißt also, wie bekannt, daß sie dual zulässig ist), sie muß selbst aber nicht mehr (primal zulässig sein). Letzteres besagt, der dem Tableau nun zugeordnete Punkt $(x_1, \ldots, x_n)$ $= \left(\sum_{s=1}^{e} \bar{b}_{1s} v_s, \ldots, \sum_{s=1}^{e} \bar{b}_{rs} v_s, 0, \ldots, 0\right) = (\bar{b}_1, \ldots, \bar{b}_r, 0, \ldots, 0)$ braucht kein (zulässiger) Punkt des sich für den gewählten Parameterpunkt $(v_1, \ldots, v_n)$ aus (4.2)/(4.3) ergebenden konvexen Polyeders zu sein.

Entsprechend dem von uns in Kap. 2 festgelegten Lösungsbegriff haben wir nach allen den Parameterpunkten $(v_1, \ldots, v_e)$ aus R^e zu fragen, für welche die parametrische Aufgabe (4.1) bis (4.3) in solche lineare Optimierungsprobleme übergeht, die optimale Lösungen von gleicher Struktur besitzen. Um diesen Begriff für die von uns hier benutzten Simplexverfahren anwenden zu können, soll er im weiteren etwas eingeengt werden. Durch die Simplexmethode wird als Optimalpunkt stets ein Eckpunkt des Restriktionspolyeders mit einem bestimmten System von Nichtbasisveränderlichen ermittelt. In diesem Punkt sind wenigstens n unabhängige Ungleichungen des Restriktionssystems als Gleichungen erfüllt. Es ist daher sinnvoll, den in Kap. 2 eingeführten Lösungsbegriff für parametrische Aufgaben vom Typ II in der Weise abzuändern, daß nach allen den Parametervektoren $(v_1, \ldots, v_e)$ gefragt wird, für die die Optimallösungen der sich ergebenden linearen Optimierungsaufgaben dieselben Veränderlichen als Nichtbasisvariablen besitzen (was wir im übrigen bei den Beispielen des Abschnitts 2 stillschweigend bereits taten). Wenden wir diese Überlegungen auf unsere oben erhaltene dual zulässige Tab. 20 an, so haben wir nach solchen Parameterpunkten $(v_1, \ldots, v_e)$ zu fragen, für welche dieses Tableau auch primal zulässig ist, für welche sich also nichtnegative Größen $\bar{b}_i$ in der $(e + 1)$-ten zusätzlichen Spalte ergeben (vgl. (4.17)). Diese geforderte Eigenschaft besitzen offenbar die Parameter $v_1, \ldots, v_e$, die dem Ungleichungssystem

$$\begin{gathered} b_{11}v_1 + \cdots + b_{1e}v_e \geqq 0, \\ \cdots\cdots\cdots\cdots\cdots\cdots \\ b_{m1}v_1 + \cdots + b_{me}v_e \geqq 0 \end{gathered} \tag{4.18}$$

genügen. Das leisten hier u. a. auch die oben gewählten Parameter $v_1^0, \ldots, v_e^0$, denn für sie war Tab. 20 sowohl primal als auch dual zulässig.

Aus Tab. 20 sieht man, daß die den Ungleichungen (4.18) genügenden Parameter $v_1, \ldots, v_e$ die parametrische Aufgabe (4.1) bis (4.3) in solche linearen Optimierungsaufgaben überführen, die einen optimalen Lösungspunkt mit $x_1, \ldots, x_r, y_{r+1}, \ldots, y_m$ als Basisvariable und mit $y_1, \ldots, y_r, x_{r+1}, \ldots, x_n$ als Nichtbasisvariable besitzen. Die zugehörigen optimalen Lösungspunkte selbst werden für verschiedene Parameterwerte verschieden sein und dementsprechend auch die zugehörigen Zielfunktionswerte für die sich jeweils ergebenden linearen Optimierungsaufgaben. Beides — der optimale Lösungspunkt wie der diesem entsprechende Wert — läßt sich aus

Tab. 20 direkt ermitteln; für einen den Ungleichungen (4.18) genügenden Punkt $(v_1^1, \ldots, v_e^1)$ bekommt man den zulässigen Punkt $(x_1^1, \ldots, x_n^1)$ mit

$$\begin{aligned} x_i^1 &= \bar{b}_{i1} v_1^1 + \cdots + \bar{b}_{ie} v_e^1, & i &= 1, \ldots, r, \\ x_i^1 &= 0, & i &= r+1, \ldots, n, \end{aligned} \tag{4.19}$$

und den Zielfunktionswert

$$z^1 = -\bar{\bar{z}}_1 v_1^1 - \cdots - \bar{\bar{z}}_e v_e^1. \tag{4.20}$$

Die Menge aller (4.18) genügenden Parameterpunkte bildet einen konvexen polyedrischen Kegel im e-dimensionalen Parameterraum R^e; dieser Kegel ist nicht leer, denn der Ursprung des R^e gehört ihm als Scheitelpunkt an. Er ist offenbar eine Teilmenge einer der Einteilungsmengen $L^{(s)}$, $s \in \{1, \ldots, S\}$, die wir in der Definition der Lösung einer parametrischen Aufgabe in Kap. 2 einführten; wir wollen ihn daher mit ${}^T L^{(s)}$ bezeichnen.

Sehen wir hier zunächst von der Frage nach einer vollständigen Bestimmung der Einteilungsmenge $L^{(s)}$ einmal ab und nehmen an, es gelte ${}^T L^{(s)} = L^{(s)}$, so erfordert aber der zitierte Lösungsbegriff die Angabe weiterer Einteilungsmengen des R^e. Wie im Fall der Einteilungsmengen für parametrische Aufgaben vom Typ I kann man dabei so vorgehen, daß man den Rand von $L^{(s)}$ in einer gewählten Richtung überschreitet. Für nicht mehr in $L^{(s)}$ liegende Parameterpunkte $(v_1, \ldots, v_e)$ wird wenigstens eine der Größen $\bar{b}_i = \sum_{s=1}^{e} \bar{b}_{is} v_s$ in der $(e+1)$-ten Spalte von Tab. 20 negativ sein. Das so abgeänderte Tableau ist zwar noch dual zulässig (die Parameterwahl beeinflußt, wie oben dargelegt, die Größen $\bar{c}_j$, $j = 1, \ldots, n$, nicht), aber nicht mehr primal zulässig.

Um zu weiteren Einteilungsmengen zu gelangen, wird man versuchen, dieses abgeänderte Tableau durch eine Folge von (erweiterten) Simplextransformationen in ein solches Tableau zu überführen, das wieder sowohl primal als auch dual zulässig ist. Dazu bietet sich die duale Simplexmethode an, da sie die duale Zulässigkeit in allen folgenden Tableaus aufrechterhält. Sie unterscheidet sich bekanntlich von der gewöhnlichen lediglich in den Auswahlkriterien für Austauschzeile und -spalte, nicht aber in den Transformationsvorschriften, so daß der von uns oben eingeführte Apparat der erweiterten Simplextransformationen beibehalten werden kann.

Bevor wir uns nun allgemeinen Eigenschaften der parametrischen Aufgabe vom Typ II zuwenden, wollen wir versuchen, mit den dargelegten Hilfsmitteln ein zweiparametrisches Beispiel zu lösen.

4.2. Beispiel

Um verallgemeinerungsfähigere Aussagen zu erhalten, erweitern wir das in Abschnitt 2.2. behandelte Beispiel 4. Statt der dort in den Restriktionen auftretenden Ausdrücke

$$b_{i1}v + b_{i3}$$

wählen wir jetzt für die rechten Seiten die Ausdrücke

$$b_{i1}v_1 + b_{i3}v_3 .$$

Wir erinnern uns daran, daß in Kap. 1 die Vektoren

$$(b_{11}, b_{21}, b_{31}) = (8, 10, 16) \text{ und } (b_{13}, b_{23}, b_{33}) = (10, 12, 10)$$

als mögliche Varianten des Bezuges von Material bzw. der Verfügbarkeit lebendiger Arbeit bezeichnet wurden. Mit den zunächst frei wählbaren Parametern v_1 und v_3 unterstellen wir, daß beliebige Kombinationen dieser Kapazitätsvorgaben möglich sind. Damit haben wir das

Beispiel 7:

$$z = 3x_1 + 5x_2 \qquad \text{maximal,} \tag{4.21}$$

wobei

$$\begin{aligned} 2x_1 + 3x_2 &\leqq 8v_1 + 10v_3, \\ 2x_2 &\leqq 10v_1 + 12v_3, \end{aligned} \tag{4.22}$$

$$\begin{aligned} 3x_1 + 2x_2 &\leqq 16v_1 + 10v_3, \\ x_1 \qquad &\geqq 0, \\ x_2 &\geqq 0. \end{aligned} \tag{4.23}$$

Tabelle 21

	x_1	x_2	v_1	v_3	
y_1	2	3	8	10	8
y_2	0	2	10	12	10
y_3	3	2	16	10	16
	3	5	0	0	0

Zur systematischen Ermittlung der Lösung dieser Aufgaben werden wir das im Abschnitt 4.1. eingeführte erweiterte Simplexverfahren heranziehen. Als Ausgangstableau kann uns die aus den gegebenen Daten zusammengestellte Tab. 21 dienen. Da es dual nicht zulässig ist (in der charakteristischen Zeile stehen positive Größen), haben wir den Überlegungen aus Abschnitt 4.1. folgend einen festen Parameterpunkt zu wählen, es sei $(v_1^0, v_3^0) = (1, 0)$, und die sich so aus (4.21) bis (4.23) ergebende lineare Optimierungsaufgabe zu lösen. In die äußerste rechte Spalte des erweiterten Ausgangstableaus tragen wir dazu die Größen b_1^0, b_2^0, b_3^0 ein (vgl. Tab. 21):

$$\begin{pmatrix} b_1^0 \\ b_2^0 \\ b_3^0 \end{pmatrix} = \begin{pmatrix} b_{11} \\ b_{21} \\ b_{31} \end{pmatrix} \cdot 1 + \begin{pmatrix} b_{13} \\ b_{23} \\ b_{33} \end{pmatrix} \cdot 0 = \begin{pmatrix} 8 \\ 10 \\ 16 \end{pmatrix}.$$

Wegen der Nichtnegativität dieses Vektors entspricht Tab. 21 einem zulässigen Eckpunkt in dem entstandenen Optimierungsproblem, nämlich dem Punkt $(x_1, x_2) = (0, 0)$. Entsprechend dem üblichen Vorgehen bei Simplextransformationen wählen wir in Tab. 21 nun $f = 2$ als Austauschspalte. Wegen

$$\frac{b_f^0}{a_{gf}} = \min_{\substack{i \\ a_{if}>0}} \left\{\frac{b_i^0}{a_{if}}\right\} = \min \left\{\frac{8}{3}, \frac{10}{2}, \frac{16}{2}\right\}$$

erhält man die Austauschzeile $g = 1$. Die entsprechende Transformation (vgl. T2 des Anhangs) ergibt Tab. 22. Diese ist dual zulässig: Die transformierten Größen in der charakteristischen Zeile sind nicht mehr positiv.

Tabelle 22

	x_1	y_1	$v_1 \cdot$	$v_3 \cdot$	
x_2	$\frac{2}{3}$	$\frac{1}{3}$	$\frac{8}{3}$	$\frac{10}{3}$	$\frac{8}{3}$
y_2	$-\frac{4}{3}$	$-\frac{2}{3}$	$\frac{14}{3}$	$\frac{16}{3}$	$\frac{14}{3}$
y_3	$\frac{5}{3}$	$-\frac{2}{3}$	$\frac{32}{3}$	$\frac{10}{3}$	$\frac{32}{3}$
	$-\frac{1}{3}$	$-\frac{5}{3}$	$-\frac{40}{3}$	$-\frac{50}{3}$	$-\frac{40}{3}$

Für die Parameterwerte $v_1^0 = 1$ und $v_3^0 = 0$ ist demnach aus (4.21) bis (4.23) eine lineare Optimierungsaufgabe entstanden, die den Punkt $(x_1, x_2) = (0, 8/3)$ als optimale Lösung besitzt. Wir fragen nun nach weiteren Parameterpunkten (v_1, v_3), für die aus Tab. 22 ebenfalls primal zulässige Tableaus folgen. Entsprechend den Darlegungen im Abschnitt 4.1 erhält man solche als Lösung des Ungleichungssystems (vgl. (4.18))

$$\frac{8}{3} v_1 + \frac{10}{3} v_3 \geqq 0,$$
$$\frac{14}{3} v_1 + \frac{16}{3} v_3 \geqq 0, \qquad (4.24)$$
$$\frac{32}{3} v_1 + \frac{10}{3} v_3 \geqq 0.$$

Die Koeffizienten sind den zusätzlichen Spalten der erweiterten Tab. 22 entnommen. In Abb. 18 ist der durch das System (4.24) repräsentierte polyedrische Kegel

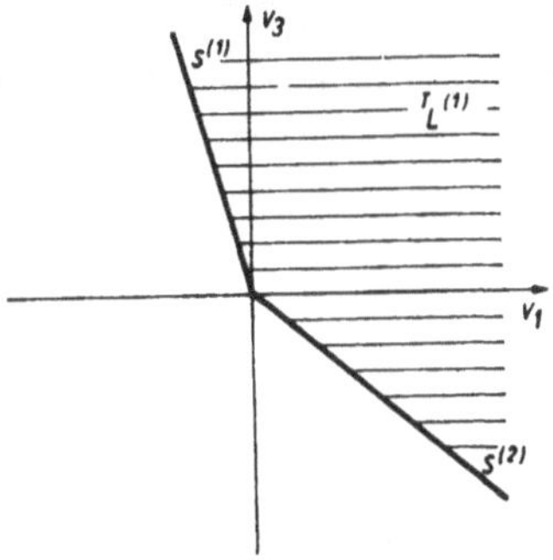

Abb. 18

$^TL^{(1)}$ graphisch dargestellt (der obere Index 1 steht hier zur Kennzeichnung des Systems (4.24) und damit von Tab. 22). Für jeden Parameterpunkt aus $^TL^{(1)}$ geht die parametrische Aufgabe (4.21) bis (4.23) in ein Optimierungsproblem über, dessen optimales Schlußtableau aus Tab. 22 gewonnen werden kann. Offenbar liegt z. B. der Punkt $(v_1, v_3) = (1, 1)$ in $^TL^{(1)}$. Für diesen Punkt erhält man nach (4.17) in der äußersten rechten Spalte von Tab. 22 die Werte $\bar{b}_1 = 6$, $\bar{b}_2 = 10$ und $\bar{b}_3 = 14$. Damit folgt nach (4.19) für die entsprechende lineare Optimierungsaufgabe der Optimalpunkt $(x_1, x_2) = (0, 6)$ und nach (4.20) der Zielfunktionswert $z = 30$. Allgemein erhält man für die Parameterpunkte $(v_1, v_3) \in {}^T L^{(1)}$ Optimierungsprobleme, deren Optimalpunkte die Koordinaten

$$x_1^{(1)} = 0 \qquad \text{und} \qquad x_2^{(1)} = \frac{8}{3} v_1 + \frac{10}{3} v_3$$

(vgl. (4.19)) und den optimalen Zielfunktionswert

$$z^{(1)} = \frac{40}{3} v_1 + \frac{50}{3} v_3$$

besitzen (vgl. (4.20)).

Analog zum Aufgabentyp I werden wir nun versuchen, gemäß dem in Kap. 2 gegebenen Lösungsbegriff die Einteilung des Parameterraumes zu vervollständigen. Für Punkte (v_1, v_3) auf den ${}^T L^{(1)}$ berandenden Strahlen $S^{(1)}$ und $S^{(2)}$ gilt

$$\frac{32}{3} v_1 + \frac{10}{3} v_3 = 0 \qquad \text{für} \qquad (v_1, v_3) \in S^{(1)},$$

$$\frac{8}{3} v_1 + \frac{10}{3} v_3 = 0 \qquad \text{für} \qquad (v_1, v_3) \in S^{(2)}.$$

Überschreiten wir, von ${}^T L^{(1)}$ ausgehend, einen dieser Strahlen, so gelangen wir zu Punkten (v_1, v_3), für die mindestens eine der Bedingungen (4.24) verletzt ist. Wählen wir einen solchen nicht in ${}^T L^{(1)}$ liegenden Parameterpunkt und berechnen mit ihm die Größen $\bar{b}_i$, $i = 1, \ldots, m$, für die äußerste rechte Spalte in Tab. 22, so ist das diesem Parameterpunkt zugeordnete Tableau primal unzulässig, denn wegen (4.24) muß wenigstens ein $\bar{b}_i$, $i \in \{1, \ldots, m\}$, dann negativ sein. Werden Parameter v_1, v_3 auf $S^{(1)}$ oder $S^{(2)}$ genommen, so ergeben sich Größen $\bar{b}_i$, die zwar noch nichtnegativ sind, von denen aber wenigstens eine den Wert Null hat. Für den Parameterpunkt $(v_1, v_3) = \left(-\frac{3}{32}, \frac{3}{10}\right)$ aus $S^{(1)}$ erhält man in

Tab. 22 für die Basisvariable y_3 den Wert $\bar{b}_3 = 0$. Um eine ${}^TL^{(1)}$ benachbarte Einteilungsmenge zu erhalten (vgl. dazu auch das Beispiel 4 in Kap. 2), werden wir also eine (erweiterte) Simplextransformation mit der Austauschzeile $g = 3$ durchführen. Nach den Regeln der dualen Simplexmethode ergibt sich die Austauschspalte nach

$$\frac{c_f}{a_{fg}} = \min_{a_{gj}<0} \left\{\frac{c_j}{a_{gj}}\right\}$$

zu $f = 2$.

Wir erhalten im Austauschschritt (vgl. T 5 im Anhang) Tab. 23.

Tabelle 23

	x_1	y_3	$v_1 \cdot$	$v_3 \cdot$	
x_2	$\frac{3}{2}$	$\frac{1}{2}$	8	5	$\frac{3}{4}$
y_2	-3	-1	-6	2	$\frac{93}{80}$
y_1	$-\frac{5}{2}$	$-\frac{3}{2}$	-16	-5	0
	$-\frac{9}{2}$	$-\frac{5}{2}$	-40	-25	$-\frac{15}{4}$

Mittels der in den zusätzlichen Spalten von Tab. 23 stehenden Größen bekommt man wieder Ungleichungen in den Parametern v_1 und v_3, für die sich nichtnegative Größen $\bar{b}_i$ in der äußersten rechten Spalte ergeben:

$$\begin{aligned} 8v_1 + 5v_3 &\geqq 0, \\ -6v_1 + 2v_3 &\geqq 0, \\ -16v_1 - 5v_3 &\geqq 0. \end{aligned} \tag{4.25}$$

Der so beschriebene Kegel ${}^TL^{(2)}$ findet sich in Abb. 19. Ein Parameterpunkt (v_1, v_3) aus ${}^TL^{(2)}$ führt unsere betrachtete parametrische Aufgabe somit in eine lineare Optimierungsaufgabe über, deren optimales Schlußtableau sich aus Tab. 23 ableitet und die den optimalen Lösungspunkt

$$(x_1^{(2)}, x_2^{(2)}) = (0, 8v_1 + 5v_3)$$

mit dem zugehörigen Zielfunktionswert

$$z^{(2)} = 40v_1 + 25v_3$$

besitzt. (In Abb. 7b ist das Restriktionspolyeder dargestellt, das für $(v_1, v_3) = \left(-\frac{5}{16}, 1\right) \in {}^T L^{(2)}$ aus den Restriktionen unseres Beispiels folgt.)

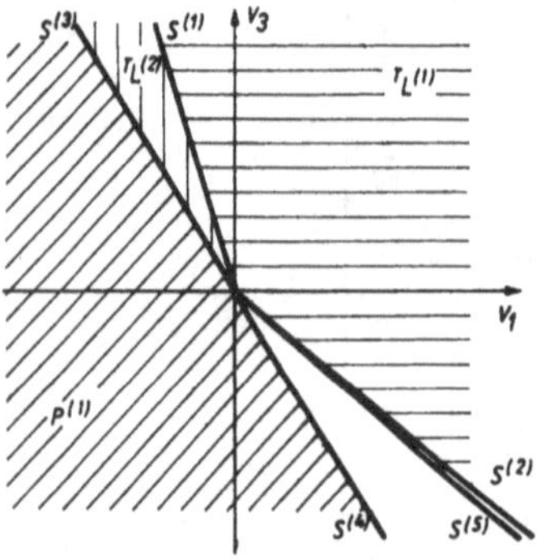

Abb. 19

Anhand der in Abb. 19 gegebenen Orientierung versuchen wir durch Überschreiten des Strahls $S^{(3)}$ einen dritten Einteilungskegel zu finden. Auf $S^{(3)}$ ist nun $8v_1 + 5v_3 = 0$. Als Austauschzeile bietet sich somit die erste Zeile in Tab. 23 an. In dieser Zeile sind aber die Größen $\bar{a}_{11}$ und $\bar{a}_{12}$ positiv. Das erlaubt uns die Schlußfolgerung: ${}^T L^{(2)}$ ist längs $S^{(3)}$ einem Parameterbereich benachbart, für den unsere Aufgabe keine Lösung besitzt. Denn überschreiten wir, von ${}^{T}L^{(2)}$ kommend, den Strahl $S^{(3)}$, gelangen wir zu Parametern v_1, v_3 mit

$$8v_1 + 5v_3 < 0. \tag{4.26}$$

Für jeden dieser Parameterpunkte (v_1, v_3) ist gemäß Tab. 23 die (primale) Zulässigkeitsbedingung verletzt. Wegen der Positivität von $\bar{a}_{11}$ und $\bar{a}_{12}$ in Tab. 23 kommt die Zeile $g = 1$ nach den Vorschriften der dualen Simplexmethode als Austauschzeile nicht in Betracht. Für jeden Parameterpunkt (v_1, v_3), dessen Komponenten (4.26) erfüllen, ergibt sich aus unserem Beispiel somit eine nicht lösbare lineare Optimierungsaufgabe (nämlich eine Aufgabe ohne einen zulässigen Punkt). Die Menge dieser Parameterpunkte bildet nach (4.26) eine offene Halbebene, sie heiße $P^{(1)}$.

Sie ist in Abb. 19 dargestellt. Sie wird von den Strahlen

$$S^{(3)} = \{(v_1, v_3) | 8v_1 + 5v_3 = 0, v_3 \geqq 0\}$$

und

$$S^{(4)} = \{(v_1, v_3) | 8v_1 + 5v_3 = 0, v_3 \leqq 0\}$$

begrenzt, die aber selbst nicht zu $P^{(1)}$ gehören.

Zur Komplettierung der Aufteilung des Parameterraums versuchen wir nun, ob man längs $S^{(4)}$ zu einer weiteren Einteilungsmenge gelangt. Dazu nehmen wir den auf $S^{(4)}$ liegenden Parameterpunkt $(v_1^0, v_3^0) = (1, -8/5)$ und berechnen mit seinen Komponenten die Werte $\bar{b}_1$, $\bar{b}_2$ und $\bar{b}_3$ in der äußersten rechten Spalte von Tab. 23:

$$\begin{aligned}\bar{b}_1 &= 8v_1^0 + 5v_3^0 = 0,\\ \bar{b}_2 &= -6v_1^0 + 2v_3^0 = -46/5,\\ \bar{b}_3 &= -16v_1^0 - 5v_3^0 = -40/5.\end{aligned}$$

Das so abgeänderte Tableau repräsentiert wegen $\bar{b}_i < 0$, $i = 2, 3$, offenbar keinen zulässigen Punkt des für (v_1^0, v_3^0) aus den Restriktionen unseres Beispiels entstandenen Polyeders. Es sind also wieder Simplextransformationen durchzuführen, um ein (primal) zulässiges Tableau zu gewinnen. In der eben abgeänderten Tab. 23 erhält man gemäß der dualen Simplexmethode $g = 2$ als Austauschzeile, Austauschspalte wird $f = 1$. Ein (erweiterter) Transformationsschritt mit $\bar{a}_{fg} = -3$ als Hauptelement ergibt nach T 12 im Anhang Tab. 24.

Tabelle 24

	y_2	y_3	v_1	v_3	
x_2	$\frac{1}{2}$	0	5	6	$-\frac{23}{5}$
x_1	$-\frac{1}{3}$	$\frac{1}{3}$	2	$-\frac{2}{3}$	$\frac{46}{15}$
y_1	$-\frac{5}{6}$	$-\frac{2}{3}$	-11	$-\frac{20}{3}$	$-\frac{1}{3}$
	$-\frac{3}{2}$	-1	-31	-28	$\frac{69}{5}$

Unter den in Tab. 24 für den Parameterpunkt $(v_1, v_3) = (1, -8/5)$ ermittelten Werten in der äußersten rechten Spalte finden sich negative Werte. Mit einem weiteren Austauschschritt versucht man daher, ein zulässiges Tableau zu erhalten. Nach der dualen Simplexmethode ist $g = 1$ als Austauschzeile zu wählen. In dieser Zeile findet sich aber kein negatives Element, d. h., auch für alle Parameter v_1, v_3 mit

$$5v_1 + 6v_3 < 0 \tag{4.27}$$

besitzen die sich aus unserem Beispiel ergebenden linearen Optimierungsaufgaben keine Lösung. Die Ungleichung (4.27) beschreibt eine offene Halbebene $P^{(2)}$ (vgl. Abb. 19 und 20); sie wird im unteren Halbraum $(v_3 \leqq 0)$ durch den Strahl $S^{(5)}$ begrenzt:

$$S^{(5)} = \{(v_1, v_3) | 5v_1 + 6v_3 = 0, v_3 \leqq 0\}.$$

Was passiert längs $S^{(5)}$ und jenseits von $S^{(5)}$? Für den Parameterpunkt $(v_1{}^1, v_3{}^1) = (1, -5/6) \in S^{(5)}$ ergeben sich in Tab. 24 in der äußersten rechten Spalte die Werte

$$\bar{b}_1 = 5v_1{}^1 + 6v_3{}^1 = 0,$$

$$\bar{b}_2 = 2v_1{}^1 - \frac{2}{3}v_3{}^1 = \frac{23}{9},$$

$$\bar{b}_3 = -11v_1{}^1 - \frac{20}{3}v_3{}^1 = -\frac{49}{9}.$$

Die so abgeänderte Tabelle ist nicht primal zulässig. Zur Durchführung eines Austauschschrittes erhält man $g = 3$ als Austauschzeile und $f = 2$ als Austauschspalte. Die Transformation ergibt (nach T 9 im Anhang) Tab. 25.

Tabelle 25

	y_2	y_1	$v_1 \cdot$	$v_3 \cdot$	
x_2	$\frac{1}{2}$	0	5	6	0
x_1	$-\frac{3}{4}$	$\frac{1}{2}$	$-\frac{7}{2}$	-4	$-\frac{1}{6}$
y_3	$\frac{5}{4}$	$-\frac{3}{2}$	$\frac{33}{2}$	10	$\frac{49}{6}$
	$-\frac{1}{4}$	$-\frac{3}{2}$	$-\frac{29}{2}$	-18	$\frac{1}{2}$

Da diese ebenfalls für $(v_1{}^1, v_3{}^1)$ nicht (primal) zulässig ist, wird ein weiterer Transformationsschritt versucht. Dieser führt zu Tab. 26 (dabei war $f = 2$, $g = 1$).

Dieses Tableau hatten wir bereits als Tab. 22 bekommen, allerdings für den Parameterpunkt $(v_1, v_3) = (1, 0)$. Die unterschiedlichen Werte in der äußersten rechten Spalte von Tab. 22 und 26 erklären sich gerade durch diese verschiedenen eingesetzten Parameter. Für den hier

Tabelle 26

	x_1	y_1	v_1	v_3	
x_2	$\frac{2}{3}$	$\frac{1}{3}$	$\frac{8}{3}$	$\frac{10}{3}$	$-\frac{1}{9}$
y_2	$-\frac{4}{3}$	$-\frac{2}{3}$	$\frac{14}{3}$	$\frac{16}{3}$	$\frac{2}{9}$
y_3	$\frac{5}{3}$	$-\frac{2}{3}$	$\frac{32}{3}$	$\frac{10}{3}$	$\frac{137}{18}$
	$-\frac{1}{3}$	$-\frac{5}{3}$	$-\frac{40}{3}$	$-\frac{50}{3}$	$\frac{5}{9}$

interessierenden Punkt $(v_1{}^1, v_3{}^1) = \left(1, -\frac{5}{6}\right)$ ist Tab. 26 nicht (primal) zulässig.

Das läßt sich durch keinen Austauschschritt verändern: In Tab. 26 enthält die Koeffizientenmatrix in der als Austauschzeile in Frage stehenden Zeile 1 nur positive Elemente. Demgemäß existiert weder für den Punkt $(v_1{}^1, v_3{}^1)$ noch für einen anderen Parameterpunkt aus der offenen Halbebene $P^{(3)}$, die durch

$$\frac{8}{3} v_1 + \frac{10}{3} v_3 < 0 \tag{4.28}$$

beschrieben wird, in den sich aus unserem Beispiel ergebenden linearen Optimierungsaufgaben eine zulässige Lösung. Der oben angegebene Strahl $S^{(2)}$ begrenzt sowohl ${}^T L^{(1)}$ (er gehört dieser Einteilungsmenge an) als auch den Halbraum $P^{(3)}$ (dem $S^{(2)}$ nicht angehört).

In Abb. 20 sind die von uns ermittelten Ergebnisse zusammengefaßt. (Auf der punktierten Geraden $v_3 = 1$ findet sich die für Beispiel 4 in Kap. 2 berechnete Lösung – vgl. Abb. 8.) Man sieht, daß eine vollständige Aufteilung des Parameterraumes vorliegt; insbesondere gilt daher ${}^T L^{(1)} = L^{(1)}$ und ${}^T L^{(2)} = L^{(2)}$.

Beide Einteilungsmengen umfassen in unserem Beispiel 7 also auch alle Parameterpunkte (v_1, v_3), für welche die sich aus der parametrischen Aufgabe ergebenden linearen Optimierungsaufgaben optimale Lösungen gleicher Struktur besitzen: Dem Einteilungskegel $L^{(1)}$ ent-

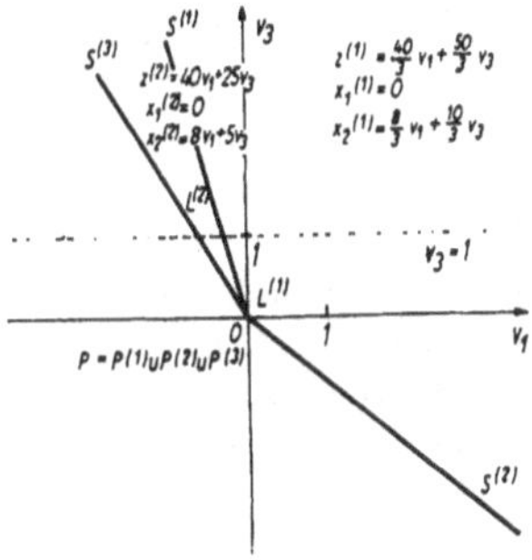

Abb. 20

spricht die Festlegung von x_1 und y_1 als Nichtbasisvariable (vgl. Tab. 22) und dem Einteilungskegel $L^{(2)}$ die Festlegung von x_1 und y_3 als Nichtbasisvariable (vgl. Tab. 23).

Die Menge aller Parameterpunkte, für die sich aus Beispiel 7 lösbare lineare Optimierungsprobleme ergeben, d. h. die Vereinigung $L^{(1)} \cup L^{(2)}$, ist ein konvexer Kegel im Parameterraum. Für alle Parameter v_1, v_3 aus der Vereinigung der drei ermittelten offenen Halbebenen $P^{(1)}$, $P^{(2)}$ und $P^{(3)}$ bekommt man aus unserem Beispiel lineare Optimierungsprobleme, deren Restriktionsbereich leer ist.

Die optimalen Lösungspunkte, welche die aus Beispiel 7 folgenden linearen Optimierungsprobleme besitzen, sind über $L^{(1)}$ und $L^{(2)}$ lineare Funktionen in v_1 und v_3; über der Nahtstelle von $L^{(1)}$ und $L^{(2)}$, d. h. über dem Strahl $S^{(1)}$, sind sie stetig. Die gleichen Aussagen gelten für die diesen Optimalpunkten zugeordneten Zielfunktionswerte.

Zum Abschluß der Diskussion des Beispiels ist noch anzumerken, daß bei der Ermittlung der Lösung wesentlicher Gebrauch von den graphischen Darstellungen gemacht wurde. Ähnlich wie bei parametrischen Aufgaben vom Typ I dienten sie uns nicht nur als geometrische Interpretationen, sondern sie stellten für uns die Orientierungshilfe dar, mit der wir entschieden, welche Parameterpunkte geeignet zu wählen sind, um weitere Einteilungsmengen zu finden. Im allgemeinen steht einem dieses Instrument nicht zur Verfügung; eine vollständige Ermittlung aller Einteilungsmengen für höherdimensionale Aufgaben erfordert – sieht man von dem hohen Rechenaufwand ab – eine Orientierungsvorschrift, die es ermöglicht, auch alle aus dem parametrischen Problem ableitbaren linearen Optimierungsprobleme zu erfassen. Analog dem Vorschlag in Kap. 3, alle Ecken des Restriktionspolyeders zu durchmustern, wären hier alle Kombinationen möglicher Systeme von Nichtbasisvariablen zu überprüfen; das entspräche aber $\binom{n+m}{n}$ zu berechnenden Simplextableaus.

4.3. *Die e-parametrische Aufgabe*

Im Abschnitt 4.1. hatten wir darauf hingewiesen, daß für jeweils beliebig, aber festgewählte Parameterwerte geeignet formulierte Aufgaben I und II in zueinander duale lineare Optimierungsaufgaben übergehen. Dieser enge Zusammenhang erleichtert die Formulierung allgemeiner Eigenschaften der Lösung unserer Aufgabe II erheblich. Die im folgenden angegebenen Eigenschaften sind offenkundig nicht mehr als Umformulierungen der Eigenschaften von Aufgabe I unter Beachtung gewisser Vorzeichenunterschiede bei der Ausnutzung der für jeden festgewählten Parameterpunkt geltenden Dualitätsbeziehung.

In der (bereits unter (4.1) bis (4.3) formulierten) mehrparametrischen Aufgabe vom Typ II

$$z = \sum_{j=1}^{n} c_j x_j \qquad \text{maximal,} \tag{4.1}$$

wobei

$$\sum_{j=1}^{n} a_{ij}x_j \leqq \sum_{s=1}^{e} b_{is}v_s, \qquad i = 1, 2, \ldots, m, \tag{4.2}$$

$$x_j \geqq 0, \qquad j = 1, \ldots, n, \tag{4.3}$$

seien die e Vektoren $(b_{1s}, b_{2s}, \ldots, b_{ms})$, $s = 1, 2, \ldots, e$, linear unabhängig. (Andernfalls läßt sich ihre Anzahl reduzieren — vgl. dazu Kap. 2.)

Nach Abschnitt 4.1 lautet das zu (4.1) bis (4.3) duale Problem (eine parametrische Aufgabe vom Typ I)

$$Z = \sum_{i=1}^{m} y_i \sum_{s=1}^{e} b_{is}v_s \qquad \text{minimal,} \tag{4.29}$$

wobei

$$\sum_{i=1}^{m} a_{ij}y_i \geqq c_j, \qquad j = 1, 2, \ldots, n, \tag{4.30}$$

$$y_i \geqq 0, \qquad i = 1, \ldots, m. \tag{4.31}$$

Der zulässige Restriktionsbereich dieser Aufgabe sei nicht leer. Andernfalls ergibt sich aus (4.1) bis (4.3) für keine Wahl der Parameterpunkte (v_1, v_2) eine lösbare lineare Optimierungsaufgabe. Die Parametermenge P, für die sich nicht lösbare Aufgaben ergeben (vgl. Definition des Lösungsbegriffs im Abschnitt 2.2), fällt dann mit dem Parameterraum R^e zusammen.

Der durch (4.30) und (4.31) beschriebene zulässige Bereich sei ferner nicht entartet. Diese recht strenge Zusatzforderung sichert wieder die Eindeutigkeit der Einteilung des Parameterraumes. (Für Lösungsverfahren, die dem Prinzip des in Kap. 3 beschriebenen Algorithmus folgen, stellt die Verletzung dieser Voraussetzung kein wesentliches Hindernis dar.)

Die Lösung der Aufgabe II hat dann folgende Eigenschaften:

E 1. Der Parameterraum R^e wird in die zwei Mengen B und P eingeteilt, wobei B (bzw. P) die Menge derjenigen Parameterpunkte ist, für die die zugehörigen linearen Optimierungsprobleme lösbar (bzw. nicht lösbar) sind. Die als *Lösbarkeitsbereich* bezeichnete Menge B ist stets nicht leer, die Menge P kann leer sein.

E 2. Jedem Parameterpunkt $(v_1^0, \ldots, v_e^0)$ aus der Menge B sind zwei Indexmengen $I^0 \subset I = \{1, \ldots, m\}$ und $J^0 \subset J = \{1, \ldots, n\}$ zugeordnet: Das für $(v_1^0, \ldots, v_e^0)$ aus der parametrischen Aufgabe (4.1) bis (4.3) folgende lineare Optimierungsproblem besitzt eine optimale Lösung mit den Nichtbasisvariablen $x_{j_1}, \ldots, x_{j_r}, y_{j_{r+1}}, \ldots, y_{j_n}$, wobei $\{j_1, \ldots, j_r\} = J^0$ und $\{j_{r+1}, \ldots, j_n\} = I^0$. Den Indexmengen J^0 und I^0 ist eindeutig ein konvexer polyedrischer Kegel $L^{(0)}$ zugeordnet; für alle $(v_1, \ldots, v_e) \in L^{(0)}$ ergeben sich aus (4.1) bis (4.3) lösbare lineare Optimierungsaufgaben, deren optimale Lösung dieselben Nichtbasisvariablen $x_{j_1}, \ldots, x_{j_r}, y_{j_{r+1}}, \ldots, y_{j_n}$ hat.

Der Kegel $L^{(0)}$ ist maximal, und er läßt sich in der oben angegebenen Weise (vgl. das Ungleichungssystem (4.18)) aus dem im Abschnitt 4.1 eingeführten erweiterten Simplextableau bestimmen.

E 3. Die Anzahl der Kegel $L^{(s)}$ mit den unter E 2 angegebenen Eigenschaften ist endlich und der Koordinatenursprung des Parameterraumes ist Scheitelpunkt aller Kegel.

E 4. Die Menge der Kegel $L^{(s)}$, $s = 1, 2, \ldots, S$, überdeckt den Lösbarkeitsbereich B des gegebenen e-parametrischen Problems:

$$B = \bigcup_{s=1}^{S} L^{(s)},$$

und je zwei verschiedene Kegel besitzen höchstens gemeinsame Randpunkte. Die Menge B ist ebenfalls ein konvexer polyedrischer Kegel (wobei B auch der ganze Parameterraum sein kann).

E 5. Zwei Indexmengenpaare $I^{(s1)}$, $J^{(s1)}$ und $I^{(s2)}$, $J^{(s2)}$ mögen benachbart heißen, wenn die ihnen entsprechenden Simplextableaus durch eine einzige Simplextransformation ineinander überführbar sind. Zwei Kegel, die benachbarten Indexmengenpaaren zugeordnet sind, besitzen eine gemeinsame Seite größter Dimension.

E 6. Hat der Parameterraum die Dimension n, d. h. $e = n$, so entspricht jedem Indexmengenpaar $I^{(s)}, J^{(s)}$ von Nichtbasisvariablen, deren zugehöriges Simplextableau dual zulässig ist, genau ein Kegel $L^{(s)}$ mit den Eigenschaften E 2 bis E 5. Jeder dieser Kegel ist n-dimensional.

E 7. Über dem Bereich B des Parameterraumes, sind die Komponenten der optimalen Lösungen der linearen Optimierungsaufgaben, die sich für die Parameter aus B jeweils aus (4.1) bis (4.3) ergeben, Funktionen der Parameter $v_1, \ldots, v_e$. Die entsprechenden optimalen Werte $z(v_1, \ldots, v_e)$ der Zielfunktion (d. h. die Werte der sogenannten Lösungsfunktion) hängen über jedem Einteilungskegel $L^{(s)}$ linear von $v_1, \ldots, v_e$ ab; die Funktion $z(v_1, \ldots, v_e)$ ist über B konkav und stetig.

Auf eine ausführliche Erläuterung und die Beweise der angeführten Eigenschaften parametrischer Aufgaben vom Typ II verzichten wir hier. Wie eingangs des Abschnitts erwähnt, lassen sie sich aus den Eigenschaften einer parametrischen Aufgabe vom Typ I herleiten. Dazu ist allerdings eine Übereinstimmung der Lösungsbegriffe für die linearen parametrischen Aufgaben vom Typ I und für die vom Typ II erforderlich. Während wir aber bei den Problemen mit Parametern in den Zielfunktionen nach allen denjenigen Parametervektoren fragten, für die ein gewählter Eckpunkt in den sich ergebenden linearen Optimierungsaufgaben Optimalpunkt ist, ging die Frage zur Bestimmung von Einteilungsmengen bei den Problemen mit Parametern in den rechten Seiten der Restriktionen dahin, alle diejenigen Parametervektoren zu bestimmen, für die die Optimallösungen der sich ergebenden linearen Optimierungsaufgaben dieselben Veränderlichen als Nichtbasisvariable besitzen (vgl. den im Abschnitt 4.1. eingeengten Lösungsbegriff für Probleme vom Typ II).

Anhand der Dualitätseigenschaften erkennt man sofort, daß die beiden Lösungsbegriffe nicht ineinander überführbar sind; es genügt darauf zu verweisen, daß ein Eckpunkt des Restriktionspolyeders im allgemeinen durch unterschiedliche Systeme von Nichtbasisvariablen charakterisiert werden kann. Um die oben geforderte Übereinstimmung zu erreichen, wären also entweder bei parametrischen Aufgaben vom Typ I Entartungen auszuschließen, oder man müßte einen abweichenden Lösungsbegriff verwenden, und zwar derart, daß auch bei den linearen parametrischen Aufgaben vom Typ I zur Bestimmung der Einteilungsmengen nach allen den Parametervektoren gesucht wird, für die die Optimallösungen in den sich ergebenden linearen Optimierungsaufgaben dieselben Veränderlichen als Nichtbasisvariablen haben. Eine ausführliche Darlegung dieses Zusammenhangs zwischen parametrischen Aufgaben des Typs I und des Typs II findet der interessierte Leser in der Monographie [19]. Die Übereinstimmung von Lösungen zweier zueinander dualer parametrischer Optimierungsprobleme im Fall der Nichtentartung demonstrierten wir im Kap. 2 anhand der Aufgabe (2.38)/(2.39) und der zu ihr dualen Aufgabe (2.36)/(2.37) in Beispiel 4.

Auf Grund solcher bestehenden Beziehungen zwischen parametrischen Aufgaben des Typs I und des Typs II sind Lösungsverfahren für Aufgaben der einen Art prinzipiell auch für den anderen Typ als Lösungsverfahren geeignet. Sinngemäß läßt sich so der in Abschnitt 3.5. beschriebene Algorithmus auf die in diesem Kapitel behandelte Aufgabe anwenden, und wir verzichten daher auf seine Darlegung.

5. Lineare parametrische Optimierungsaufgaben mit Parametern in der Zielfunktion und in den rechten Seiten der Restriktionsungleichungen

Bei einer parametrischen Aufgabe des Typs III treten sowohl in der Zielfunktion als auch in den rechten Seiten der Nebenbedingungen Parameter auf. Für diese Probleme wurde im Abschnitt 2.3 mit (2.40) bis (2.42) eine allgemeine Formulierung der Aufgabe angegeben, es wurde ein Beispiel gebildet und der Lösungsbegriff definiert. Um den Umfang der Untersuchungen im vorliegenden Kapitel nicht allzusehr anwachsen zu lassen, werden wir uns hier auf eine spezielle Klasse von parametrischen Aufgaben beschränken und an ihnen einige typische Eigenschaften demonstrieren.

Zur Untersuchung der Aufgabe III werden wir wieder eine erweiterte Simplextechnik heranziehen. Entsprechend dem Vorgehen in Kap. 3 fügen wir den üblichen Simplextableaus d Zeilen für die Größen c_{rj} aus der Zielfunktion im Ausgangstableau bzw. deren Transformierten $\bar{c}_{rj}$ in den anderen Tableaus hinzu. Gleichzeitig erhalten die Tableaus wie in Kap. 4 zusätzliche e Spalten für die Größen b_{is} aus den rechten Seiten der Restriktionen bzw. deren Transformierten. Die in Kap. 3 und 4 getroffenen Aussagen und Transformationsregeln für die dort eingeführten erweiterten Simplextableaus können auf die hier angegebene Erweiterung ohne zusätzliche Überlegungen übertragen werden.

Der in Kap. 2 gegebene Lösungsbegriff für lineare parametrische Aufgaben des Typs III läßt sich nicht unmittelbar verwenden, um Einteilungsmengen mit Hilfe der Simplextechnik zu bestimmen. Analog dem Vorgehen in Kap. 4 (bei der Abänderung des Lösungsbegriffs für Aufgaben vom Typ II) werden wir ihn dahingehend einengen, daß wir bei der Bestimmung einer Einteilungsmenge nach Paaren solcher Parameterpunkte $(u_1, \ldots, u_d)$, $(v_1, \ldots, v_e)$ fragen, für welche die sich ergebenden linearen Optimierungsaufgaben — soweit sie lösbar sind — Optimallösungen besitzen, die durch dasselbe System von Nichtbasisvariablen gekennzeichnet sind. Das bedeutet, zu einem aus den Ausgangsdaten erzeugbarem Simplextableau — ein jedes solches ist durch eine wohlbestimmte Menge von Nichtbasisvariablen festgelegt — sind die Paare von Parameterpunkten $(u_1, \ldots, u_d)$, $(v_1, \ldots, v_e)$ zu finden, für welche die sich ergebenden Tableaus sowohl primal als auch dual zulässig sind.

An einem Beispiel wollen wir nun ein mögliches Vorgehen zur Bestimmung der Lösung unter Zuhilfenahme der erweiterten Simplextechnik demonstrieren. Um gleichzeitig auf verallgemeinerungsfähige Eigenschaften parametrischer Aufgaben vom Typ III hinlenken zu können, wäre es wünschenswert, die Lösung einer Aufgabe mit je zwei Parametern in der Zielfunktion und den rechten Seiten der Nebenbedingungen anschaulich darzustellen. Es erweist sich jedoch, daß die Einteilungsmengen nicht getrennt für den Raum R^d der Parameter in der Zielfunktion und für den Raum R^e der Parameter in den rechten Seiten der Restriktionen ermittelt werden können; vielmehr ist die Frage einer Aufteilung des kartesischen Produktes $R^d \times R^e$ beider Parameterräume im Komplex zu untersuchen. Mit insgesamt vier Parametern könnten wir unsere Lösung in ihrer Gesamtheit nicht mehr anschaulich darstellen, wir werden uns deshalb ein einfacheres Beispiel wählen, nämlich das im Abschnitt 2.3. formulierte

Beispiel 8:

$$z = (3 - 2u)\,x_1 + (5 - u)\,x_2 \qquad \text{maximal.} \tag{5.1}$$

wobei

$$\begin{aligned} 2x_1 + 3x_2 &\leqq 8v + 10, \\ 2x_2 &\leqq 10v + 12, \\ 3x_1 + 2x_2 &\leqq 16v + 10, \end{aligned} \tag{5.2}$$

$$\begin{aligned} x_1 \qquad &\leqq 0, \\ x_2 &\leqq 0. \end{aligned} \tag{5.3}$$

Zur Bestimmung der Lösung dieser Aufgabe, hier also die Angabe einer Einteilung der (u,v)-Ebene, werden wir wieder wie bei den Aufgaben vom Typ I und Typ II vorgehen. Wir wählen einen bestimmten Parameterpunkt (u^0, v^0) aus R^2 und versuchen die so aus (5.1) bis (5.3) entstehende lineare Optimierungsaufgabe zu lösen. Haben wir für sie eine optimale Lösung $(x_1{}^0, x_2{}^0)$ erhalten (bzw. festgestellt, daß sie unlösbar ist), so fragen wir nach weiteren Parameterpunkten (u, v), für die die Lösung der entsprechenden — aus (5.1) bis (5.3) folgenden — Optimierungsprobleme eine gleiche Struktur wie (x_1^0, x_2^0) besitzt (bzw. ebenfalls unlösbar ist).

Tabelle 27

	x_1	x_2	v	1	
y_1	2	3	8	10	10
y_2	0	2	10	12	12
y_3	3	2	16	10	10
1	3	5	0	0	0
u	−2	−1	0	0	0
	3	5	0	0	0

Als erweitertes Ausgangstableau für unsere Rechnung wählen wir die aus den Daten der Aufgabe zusammengestellte Tab. 27. Die Größen in der charakteristischen Zeile und in der äußersten rechten Spalte ergeben sich für den Parameterpunkt $(u^0, v^0) = (0, 0)$. Da in der charakteristischen Zeile positive Werte stehen, ist der diesem Tableau für $(u^0, v^0) = (0, 0)$ entsprechende Eckpunkt $(x_1, x_2) = (0, 0)$ kein optimaler Lösungspunkt der entstandenen Optimierungsaufgabe. Eine erweiterte Simplextransformation mit der Austauschspalte $g = 2$ und der Austauschzeile $f = 1$ führt (vgl. T 2) zu Tab. 28. Damit haben wir für die lineare Optimierungsaufgabe, die sich bei $u = v = 0$ aus (5.1) bis (5.3) ergibt, einen optimalen Lösungspunkt gefunden, nämlich $(x_1^0, x_2^0) = \left(0, \frac{10}{3}\right)$; der entsprechende Zielfunktionswert beträgt $z^0 = \frac{50}{3}$.

Wir fragen nun nach weiteren Parametern (u, v) aus R^2, für welche die aus (5.1) bis (5.3) entstehenden linearen Optimierungsprobleme ein optimales Schlußtableau besitzen, das aus Tab. 28 ableitbar ist, präziser gesprochen:

Tabelle 28

	x_1	y_1	$v\cdot$	$1\cdot$	
x_2	$\frac{2}{3}$	$\frac{1}{3}$	$\frac{8}{3}$	$\frac{10}{3}$	$\frac{10}{3}$
y_2	$-\frac{4}{3}$	$-\frac{2}{3}$	$\frac{14}{3}$	$\frac{16}{3}$	$\frac{16}{3}$
y_3	$\frac{5}{3}$	$-\frac{2}{3}$	$\frac{32}{3}$	$\frac{10}{3}$	$\frac{10}{3}$
$1\cdot$	$-\frac{1}{3}$	$-\frac{5}{3}$	$-\frac{40}{3}$	$-\frac{50}{3}$	$-\frac{50}{3}$
$u\cdot$	$-\frac{4}{3}$	$\frac{1}{3}$	$\frac{8}{3}$	$\frac{10}{3}$	$\frac{10}{3}$
	$-\frac{1}{3}$	$-\frac{5}{3}$	$-\frac{40}{3}$	$-\frac{50}{3}$	$-\frac{50}{3}$

ein optimales Schlußtableau mit den Nichtbasisvariablen x_1 und y_1. Unter Verwendung der zusätzlichen Spalten und Zeilen, in denen die transformierten Koeffizienten $\bar{b}_{is}$ und $\bar{c}_{rj}$ stehen, bekommt man diese Parameter u und v aus den Ungleichungen

$$\begin{aligned} -\frac{1}{3} - \frac{4}{3} u &\leqq 0, \\ -\frac{5}{3} + \frac{1}{3} u &\leqq 0 \end{aligned} \tag{5.4}$$

und aus den Ungleichungen

$$\begin{aligned} \frac{8}{3} v + \frac{10}{3} &\geqq 0, \\ \frac{14}{3} v + \frac{16}{3} &\geqq 0, \\ \frac{32}{3} v + \frac{10}{3} &\geqq 0. \end{aligned} \tag{5.5}$$

Für Parameter u aus dem Intervall $[-1/4, 5]$ und Parameter v mit $v \geqq -5/16$ erhält man damit in der charakteristischen Zeile nicht positive und in der äußersten rechten Spalte von Tab. 28 nichtnegative Größen (in Tab. 28 sind die Werte für den diese Bedingungen erfüllenden Punkt $(u, v) = (0, 0)$ eingetragen.) Das bedeutet, daß alle linearen Optimierungsaufgaben, die aus (5.1) bis (5.3) für solche u und v folgen, optimale Lösungen besitzen, in denen x_1 und y_1 als Nichtbasisvariable auftreten bzw. für die die erste Ungleichung in (5.2) und die erste in (5.3) als Gleichungen erfüllt sind: $2x_1 + 3x_2 = 8v + 10$ und $x_1 = 0$. Aus den Daten von Tab. 28 lassen sich die Komponentenwerte der entsprechenden optimalen Lösungspunkte (x_1, x_2) und die zugehörigen Zielfunktionswerte berechnen:

$$x_1 = 0,$$

$$x_2 = \frac{8}{3} v + \frac{10}{3},$$

$$z = \frac{50}{3} + \frac{40}{3} v - \frac{10}{3} u - \frac{8}{3} u \cdot v.$$

Die aus (5.4) und (5.5) folgende Einteilungsmenge der (u,v)-Ebene — sie sei mit ${}^T M^{(2)}$ bezeichnet — ist in Abb. 21 schraffiert eingezeichnet. Auf den Achsen u und v dieser Abbildung sind gleichzeitig auch die in den Beispielen 2 und 4 ermittelten Einteilungsintervalle eingetragen (vgl. Abb. 2 und 8, Kap. 2). Letztere geben Teilaussagen über die Lösung des vorliegenden Beispiels 8, denn Beispiel 2 folgt aus Beispiel 8 für $v = 0$, und Beispiel 4 folgt aus Beispiel 8 für $u = 0$.

Nehmen wir an, daß ${}^T M^{(2)} = M^{(2)}$ gilt, daß wir also bereits alle Parameterpaare (u, v) gefunden haben, die zu linearen Optimierungsaufgaben mit einer durch die Nichtbasisvariablen x_1 und y_1 charakterisierten Lösungsstruktur führen, so erhebt sich dem gegebenen Lösungsbegriff folgend die Frage nach weiteren Einteilungsmengen. Wie in den Fällen parametrischer Optimierungsaufgaben vom Typ I und Typ II bietet es sich an, Parameterpunkte auf dem Rand von ${}^T M^{(2)}$ zu wählen und so zu versuchen, eine ${}^T M^{(2)}$ begrenzende Einteilungsmenge zu finden. Aus Abb. 21 entnehmen wir dazu den Punkt

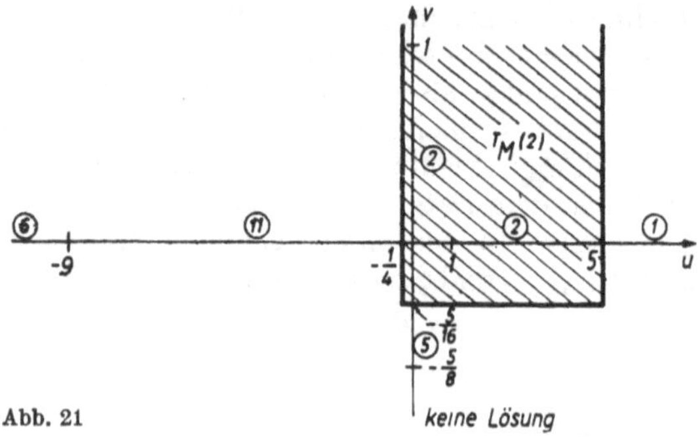

Abb. 21

$(u^1, v^1) = (5, 0)$. In der charakteristischen Zeile von Tab. 28 erhalten wir für ihn die Werte $-7, 0, \ldots$; würden wir die Koordinate u weiter über 5 hinaus vergrößern, bekämen wir für die zweite Größe positive Werte, d. h., Tab. 28 verliert ihre duale Zulässigkeit. (Sie bleibt aber offensichtlich primal zulässig.)

Man wird daher versuchen, durch eine (erweiterte) Simplextransformation mit der Austauschspalte $g = 2$ ein zu Tab. 28 benachbartes erweitertes Tableau zu berechnen. Nach den Regeln der Simplextransformation ist die Austauschzeile $f = 1$ zu wählen. Man bekommt als Ergebnis gerade unsere Ausgangstabelle 27, in der charakteristischen Zeile bekommt man für $(u, v) = (5, 0)$ die Größen $-7, 0, \ldots$ Für dieses Parameterpaar ergibt sich aus (5.1) bis (5.3) also eine Optimierungsaufgabe mit einer Lösungsstruktur, die durch die Nichtbasisvariablen x_1 und x_2 gekennzeichnet ist. Die Frage nach weiteren Parameterpaaren (u, v) die zu Aufgaben mit derselben Lösungsstruktur führen, beantworten nun die aus Tab. 27 ablesbaren Ungleichungen

$$3 - 2u \leqq 0,$$
$$5 - u \leqq 0$$

und

$$8v + 10 \geqq 0,$$
$$10v + 12 \geqq 0,$$
$$16v + 10 \geqq 0.$$

Aus ihnen bekommt man die Einteilungsmenge — wir wollen sie mit ${}^{T}M^{(1)}$ bezeichnen — derjenigen Parameterpaare (u, v) mit $u \geqq 5$ und $v \geqq -5/8$ (siehe dazu Abb. 22). Die für solche Parameter aus (5.1) bis (5.3) folgenden Optimierungsaufgaben haben den optimalen Lösungs-

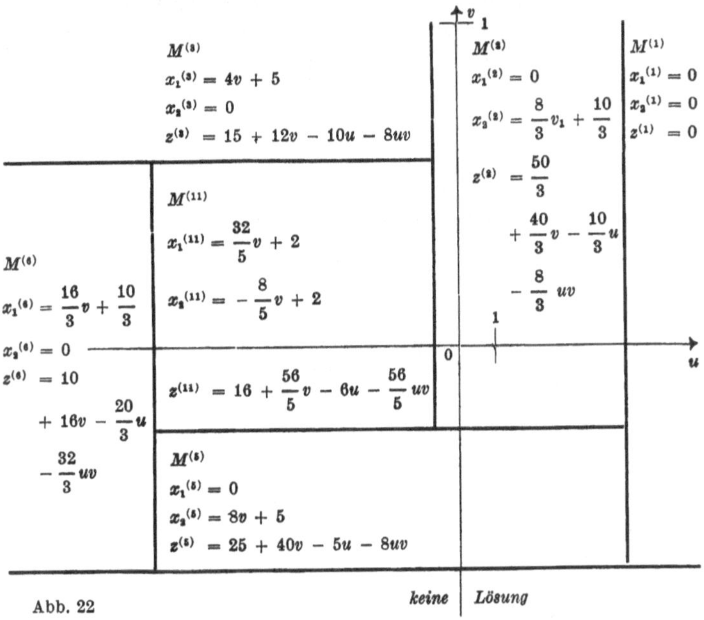

Abb. 22

punkt $(x_1, x_2) = (0, 0)$ und den optimalen Zielfunktionswert $z = 0$ (vgl. Tab. 27).

Hätten wir oben statt des Randpunktes $(u, v) = (5, 0)$ den Eckpunkt $(u, v) = (5, -5/16)$ der Einteilungsmenge $^{T}M^{(2)}$ als Ausgangspunkt für die Frage nach weiteren Einteilungsmengen genommen (letzterer Punkt liegt ebenfalls auf dem Rand von $^{T}M^{(1)}$), so würden wir in der äußersten rechten Spalte von Tab. 28 die Werte 5/2, 31/8, 0, ... bekommen. Für kleinere Werte von v, d. h. $v < -5/16$, ist Tab. 28 also nicht mehr primal zulässig. Auf der Suche nach weiteren Einteilungsmengen in der (u,v)-Ebene, führen wir daher eine erweiterte duale Simplextransformation von Tab. 28 mit der Austauschzeile $f = 3$ durch. Als Austauschspalte bekommt man aus Tab. 28, sobald man dort die für $u = 5$ berechnete charakteristische Zeile mit den Werten $-7, 0, \ldots$ benutzt, die Spalte $g = 2$. Im Ergebnis der Transformation erhalten wir Tab. 29 (vgl. T 5 im Anhang); die Werte in der äußersten rechten Spalte und in der charakteristischen Zeile sind für $(u, v) = (5, -5/16)$ berechnet. Aus

Tabelle 29

	x_1	y_3	$v\cdot$	$1\cdot$	
x_2	$\frac{3}{2}$	$\frac{1}{2}$	8	5	$\frac{5}{2}$
y_2	-3	-1	-6	2	$\frac{31}{8}$
y_1	$-\frac{5}{2}$	$-\frac{3}{2}$	-16	-5	0
$1\cdot$	$-\frac{9}{2}$	$-\frac{5}{2}$	-40	-25	$-\frac{25}{2}$
$u\cdot$	$-\frac{1}{2}$	$\frac{1}{2}$	8	5	$+\frac{5}{2}$
	-7	0	0	0	0

dieser Tabelle erhalten wir für den Parameter u die Ungleichungen

$$-\frac{9}{2}-\frac{1}{2}u \leqq 0,$$

$$-5 \ + u \quad \leqq 0$$

und für den Parameter v die Ungleichungen

$$8v + 5 \geqq 0,$$

$$-6v + 2 \geqq 0,$$

$$-16v - 5 \geqq 0.$$

Aus ihnen ergibt sich die mit ${}^TM^{(5)}$ bezeichnete Einteilungsmenge der Parameterpaare (u, v) mit $-9 \leqq u \leqq 5$ und $-5/8 \leqq v \leqq -5/16$. Diesen Intervallen entstammende Parameter führen damit die parametrische Aufgabe (5.1) und (5.3) in lineare Optimierungsaufgabe derselben Struktur über (hier in die durch die Nichtbasisvariablen x_1 und y_3 charakterisierte). Die entsprechenden Optimalpunkte (x_1, x_2) errechnet man nach

$$x_1 = 0, \qquad x_2 = 8v + 5,$$

die Zielfunktionswerte nach

$$z = 25 + 40v - 5u - 8uv.$$

Auf der Suche nach weiteren Einteilungsmengen entnehmen wir Abb. 22 nun den Randpunkt $(u, v) = (0, -5/8)$ von ${}^TM^{(5)}$. Für dieses Parameterpaar lauten die Werte in der äußersten rechten Spalte 0, 23/4, 5, ...; nimmt man Werte v mit $v < -5/8$, so wird Tab. 29 primal unzulässig. Nach den Regeln der dualen Simplexmethode läßt sich aber mit der Zeile $f = 1$ als Austauschzeile keine Transformation mehr durchführen (in der Zeile stehen nur positive Größen). Für $v < -5/8$ sind die aus der parametrischen Aufgabe (5.1) bis (5.3) folgenden Optimierungsprobleme unlösbar (wie man direkt aus (5.2)/(5.3) feststellen kann, ist der Restriktionsbereich leer).

Wir führen die Ermittlung der weiteren Einteilungsmengen der (u,v)-Ebene nicht vor. Mit den gegebenen Hilfsmitteln kann der Leser die Lösung der Aufgabe ohne Schwierigkeiten selbständig zu Ende bringen. Das Ergebnis findet sich in Abb. 22 vollständig dargestellt. Die (u,v)-Ebene ist in Rechtecke mit achsenparallelen Seiten eingeteilt. Für alle Punkte (u, v) aus demselben Rechteck erhält man aus der parametrischen Ausgangsaufgabe entweder lineare Optimierungsprobleme gleicher Lösungsstruktur im oben genannten engeren Sinne oder unlösbare Aufgaben. Da die angegebene Einteilung auch alle Parameterpaare (u, v) erfaßt, folgt ${}^{T}M^{(l)} = M^{(l)}$ für alle Einteilungsmengen. Der an einem systematischen Lösungsverfahren für parametrische Aufgaben vom Typ III mit je einem Parameter in der Zielfunktion und in den rechten Seiten der Restriktion interessierte Leser sei auf die Veröffentlichung [12] verwiesen.

Wie aus unserem Beispiel ersichtlich, haben parametrische Aufgaben vom Typ III offenbar Eigenschaften, die sich qualitativ etwas von denen für Aufgaben des Typs I und des Typs II unterscheiden — das folgt insbesondere daher, daß hier nach Einteilungen des Produktraumes $R^d \times R^e$ gefragt wird.

Für die doppelt-einparametrische Aufgabe

$$z = \sum_{j=1}^{n} (c_{1j} + uc_{2j})\, x_j \qquad \text{maximal,} \tag{5.6}$$

wobei

$$\sum_{j=1}^{n} a_{ij}x_j \leqq b_{i1} + vb_{i2}, \qquad i = 1, \ldots, m, \tag{5.7}$$

$$x_j \geqq 0, \qquad j = 1, \ldots, n, \tag{5.8}$$

wollen wir im weiteren einige Eigenschaften zusammenstellen.

Ihre Plausibilität kann der Leser in gewissem Maße der Diskussion des vorangegangenen Beispiels entnehmen, das ebenfalls eine doppelt-einparametrische Aufgabe ist. Ausführlichere Erläuterungen und Beweise bedürften eines größeren Rahmens, es sei dazu wiederum auf die Monographie [19] hingewiesen.

Zunächst lassen sich einige Aussagen über die Einteilung des Produktraumes, hier also der (u,v)-Ebene treffen:

E 1. Die ganze (u,v)-Ebene wird in die zwei Mengen M und T eingeteilt, wobei M (bzw. T) die Menge derjenigen Parameterpaare (u, v) ist, für die die aus (5.6) bis (5.8) entstehenden linearen Optimierungsaufgaben lösbar (bzw. unlösbar) sind. Die Menge M, der sogenannte *Lösbarkeitsbereich*, ist allgemein ein abgeschlossenes endliches oder unendliches Rechteck mit achsenparallelen Seiten in der (u,v)-Ebene, es kann für bestimmte parametrische Aufgaben zu einer Geraden, Halbgeraden Strecke oder zu einem Punkt entarten bzw. auch leer sein.

E 2. Jedem Parameterpaar (u, v) der Menge M sind zwei Indexmengen $I^l \subset I = \{1, \ldots, m\}$ und $J^l \subset J = \{1, \ldots, n\}$ so zugeordnet, daß die für dieses Paar (u, v) aus (5.6) bis (5.8) folgende lineare Optimierungsaufgabe eine optimale Lösung mit den Nichtbasisvariablen $x_{j_1}, \ldots, x_{j_r}, y_{j_{r+1}}, \ldots, y_{j_n}$ besitzt, wobei $\{j_1, \ldots, j_r\} = J^l$ und $\{j_{r+1}, \ldots, j_n\} = I^l$ gilt. Einem solchen Paar I^l und J^l ist eindeutig ein achsenparalleles abgeschlossenes endliches oder unendliches (möglicherweise entartetes) Rechteck $M^{(l)}$ zugeordnet; für alle Paare (u, v) aus $M^{(l)}$ ergeben sich aus (5.6) bis (5.8) lineare Optimierungsaufgaben gleicher Lösungsstruktur (nämlich der — wie eben beschrieben — durch I^l und J^l bestimmten Struktur). Das Rechteck $M^{(l)}$ ist maximal, und es läßt sich mit Hilfe erweiterter Simplextabellen bestimmen (vgl. das oben behandelte Beispiel).

E 3. Die Anzahl der Rechtecke $M^{(l)}$ ist endlich, und die Menge der Rechtecke $M^{(l)}$, $l = 1, \ldots, L$, überdeckt den gesamten Lösbarkeitsbereich M des gegebenen doppelt-einparametrischen Problems:

$$M = \bigcup_{l=1}^{L} M^{(l)}.$$

Zwei voneinander verschiedene Rechtecke $M^{(l_1)}$ und $M^{(l_2)}$ besitzen keine relativ inneren Punkte (u, v) gemeinsam, d. h. Punkte, die sowohl im relativ Inneren von $M^{(l_1)}$ als auch im relativ Inneren von $M^{(l_2)}$ liegen.

Das Verhalten der optimalen Lösungen der aus dem parametrischen Problem folgenden linearen Optimierungsaufgaben fassen wir zusammen in der Eigenschaft

E 4. Über dem Lösungsbereich M der (u,v)-Ebene sind die Komponenten der optimalen Lösungen der linearen Optimierungsaufgaben, die sich aus dem parametrischen Problem (5.6) bis (5.8) für die Paare (u, v) ergeben, Funktionen in u und v, über jedem Rechteck $M^{(l)}$ lineare Funktionen in u und $v, l \in \{1, \ldots, L\}$.

Ebenso hängen die diesen optimalen Lösungen entsprechenden Zielfunktionswerte z über M stetig von u und v ab (man spricht von der *Lösungsfunktion* $z(u, v)$). Ist (u^0, v^0) ein festgewähltes Parameterpaar aus M, so ist die Funktion $z(u^0, v)$ konkav über M und die Funktion $z(u, v^0)$ konvex über M (das ergibt sich sofort aus den Eigenschaften parametrischer Aufgaben des Typs I bzw. des Typs II, in die die Aufgabe (5.6) bis (5.8) für den festgewählten Parameter v^0 bzw. u^0 übergeht).

Besitzt die Lösungsmenge M die maximale Dimension 2, so gibt es für jedes Rechteck $M^{(l)}$, $l \in \{1, \ldots, L\}$, eindeutig bestimmte Zahlen α^l, β^l, γ^l und δ^l, so daß über $M^{(l)}$ für die Lösungsfunktion $z(u, v)$ gilt:

$$z(u, v) = \alpha^l + \beta^l u + \beta^l v + \delta^l uv.$$

Es sei dem Leser überlassen, die einzelnen Eigenschaften nochmals anhand der oben vorgeführten Aufgabe durchzugehen. Beispiel 8 ist allerdings sehr „gutartig“: Alle Einteilungsmengen $M^{(l)}$ sind zweidimensional. Der Lösbarkeitsbereich M ist eine Halbebene, beschrieben durch $v \geqq -5/8$.

Zum Abschluß wollen wir noch auf eine andere, leicht überprüfbare Eigenschaft hinweisen. Die zur doppelt-einparametrischen Aufgabe duale Aufgabe wird definiert als

$$\sum_{i=1}^{m} (-b_{i_1} - v b_{i2})\, y_i \qquad \text{maximal,} \tag{5.9}$$

wobei

$$\sum_{i=1}^{m} -a_{ij} y_i \leqq -c_{1j} - u c_{2j}, \qquad j = 1, \ldots, n, \tag{5.10}$$

$$y_i \geqq 0, \qquad i = 1, \ldots, m. \tag{5.11}$$

Das Problem (5.9) bis (5.11) ist eine parametrische Aufgabe vom Typ III und zwar insbesondere wie die Ausgangsaufgabe wieder vom doppelt-einparametrischen Charakter. Es gilt nun

E 5. Die Lösungsbereiche M beider Aufgaben stimmen überein, und sie besitzen dieselbe Aufteilung in Rechtecke $M^{(l)}$, $l = 1, \ldots, L$.

Anhang

T1	x_1	x_2	x_3	$v_1 \cdot$	$v_2 \cdot$	$v_3 \cdot$
y_1	2	3	0	8	0	10
y_2	0	2	5	10	8	12
y_3	3	2	4	16	10	10
$u_1 \cdot$	3	5	4	0	0	0
$u_2 \cdot$	1	1	-1	0	0	0
$u_3 \cdot$	-2	-1	0	0	0	0

T2	x_1	y_1	x_3	$v_1 \cdot$	$v_2 \cdot$	$v_3 \cdot$
x_2	$\frac{2}{3}$	$\frac{1}{3}$	0	$\frac{8}{3}$	0	$\frac{10}{3}$
y_2	$-\frac{4}{3}$	$-\frac{2}{3}$	5	$\frac{14}{3}$	8	$\frac{16}{3}$
y_3	$\frac{5}{3}$	$-\frac{2}{3}$	4	$\frac{32}{3}$	10	$\frac{10}{3}$
$u_1 \cdot$	$-\frac{1}{3}$	$-\frac{5}{3}$	4	$-\frac{40}{3}$	0	$-\frac{50}{3}$
$u_2 \cdot$	$\frac{1}{3}$	$-\frac{1}{3}$	-1	$-\frac{8}{3}$	0	$-\frac{10}{3}$
$u_3 \cdot$	$-\frac{4}{3}$	$\frac{1}{3}$	0	$\frac{8}{3}$	0	$\frac{10}{3}$

T3	y_1	x_2	x_3	$v_1\cdot$	$v_2\cdot$	$v_3\cdot$
x_1	$\frac{1}{2}$	$\frac{3}{2}$	0	4	0	5
y_2	0	2	5	10	8	12
y_3	$-\frac{3}{2}$	$-\frac{5}{2}$	4	4	10	−5
$u_1\cdot$	$-\frac{3}{2}$	$-\frac{1}{2}$	4	−12	0	−15
$u_2\cdot$	$-\frac{1}{2}$	$-\frac{1}{2}$	−1	−4	0	−5
u_3	1	2	0	8	0	10

T4	x_1	y_2	x_3	v_1	$v_2\cdot$	v_3
y_1	2	$\frac{3}{2}$	$-\frac{15}{2}$	−7	−12	−8
x_2	0	$\frac{1}{2}$	$\frac{5}{2}$	5	4	6
y_3	3	−1	−1	6	2	−2
$u_1\cdot$	3	$-\frac{5}{2}$	$-\frac{17}{2}$	−25	−20	−30
$u_2\cdot$	1	$-\frac{1}{2}$	$-\frac{7}{2}$	−5	−4	−6
$u_3\cdot$	−2	$\frac{1}{2}$	$\frac{5}{2}$	5	4	6

T5	x_1	y_3	x_3	$v_1 \cdot$	$v_2 \cdot$	v_3
y_1	$-\frac{5}{2}$	$-\frac{3}{2}$	-6	-16	-15	-5
y_2	-3	-1	1	-6	-2	2
x_2	$\frac{3}{2}$	$\frac{1}{2}$	2	8	5	5
$u_1 \cdot$	$-\frac{9}{2}$	$-\frac{5}{2}$	-6	-40	-25	-25
$u_2 \cdot$	$-\frac{1}{2}$	$-\frac{1}{2}$	-3	-8	-5	-5
u_3	$-\frac{1}{2}$	$\frac{1}{2}$	2	8	5	5

T6	y_3	x_2	x_3	v_1	$v_2 \cdot$	v_3
y_1	$-\frac{2}{3}$	$\frac{5}{3}$	$-\frac{8}{3}$	$-\frac{8}{3}$	$-\frac{20}{3}$	$\frac{10}{3}$
y_2	0	2	5	10	8	12
x_1	$\frac{1}{3}$	$\frac{2}{3}$	$\frac{4}{3}$	$\frac{16}{3}$	$\frac{10}{3}$	$\frac{10}{3}$
$u_1 \cdot$	-1	3	0	-16	-10	-10
$u_2 \cdot$	$-\frac{1}{3}$	$\frac{1}{3}$	$-\frac{7}{3}$	$-\frac{16}{3}$	$-\frac{10}{3}$	$-\frac{10}{3}$
$u_3 \cdot$	$\frac{2}{3}$	$\frac{1}{3}$	$\frac{8}{3}$	$\frac{32}{3}$	$\frac{20}{3}$	$\frac{20}{3}$

T7	x_1	x_2	y_2	v_1 ·	v_2	v_3 ·
y_1	2	3	0	8	0	10
x_3	0	$\frac{2}{5}$	$\frac{1}{5}$	2	$\frac{8}{5}$	$\frac{12}{5}$
y_3	3	$\frac{2}{5}$	$-\frac{4}{5}$	8	$\frac{18}{15}$	$\frac{2}{5}$
u_1 ·	3	$\frac{17}{15}$	$-\frac{4}{5}$	-8	$-\frac{32}{5}$	$-\frac{48}{5}$
u_2 ·	1	$\frac{7}{5}$	$\frac{1}{5}$	2	$\frac{8}{5}$	$\frac{12}{5}$
u_3 ·	-2	-1	0	0	0	0

T8	x_1	x_2	y_3	v_1	v_2	v_3
y_1	2	3	0	8	0	10
y_2	$-\frac{15}{4}$	$-\frac{1}{2}$	$-\frac{5}{4}$	-10	$-\frac{9}{2}$	$-\frac{1}{2}$
x_3	$\frac{3}{4}$	$\frac{1}{2}$	$\frac{1}{4}$	4	$\frac{5}{2}$	$\frac{5}{2}$
u_1 ·	0	3	-1	-16	-10	-10
u_2 ·	$\frac{7}{4}$	$\frac{3}{2}$	$\frac{1}{4}$	4	$\frac{5}{2}$	$\frac{5}{2}$
u_3 ·	-2	-1	0	0	0	0

T 9	y_1	y_2	x_3	$v_1\cdot$	$v_2\cdot$	$v_3\cdot$
x_1	$\frac{1}{2}$	$-\frac{3}{4}$	$-\frac{15}{4}$	$-\frac{7}{2}$	-6	-4
x_2	0	$\frac{1}{2}$	$\frac{5}{2}$	5	4	6
y_3	$-\frac{3}{2}$	$\frac{5}{4}$	$\frac{41}{4}$	$\frac{33}{2}$	20	10
u_1	$-\frac{3}{2}$	$-\frac{1}{4}$	$\frac{11}{4}$	$-\frac{29}{2}$	-2	-18
$u_2\cdot$	$-\frac{1}{2}$	$\frac{1}{4}$	$\frac{1}{4}$	$-\frac{3}{2}$	2	-2
u_3	1	-1	-5	-2	-8	-2

T 10	y_1	x_2	y_3	$v_1\cdot$	v_2	$v_3\cdot$
x_1	$\frac{1}{2}$	$\frac{3}{2}$	0	4	0	5
y_2	$\frac{15}{8}$	$\frac{41}{8}$	$-\frac{5}{4}$	5	$-\frac{9}{2}$	$\frac{73}{4}$
x_3	$-\frac{3}{8}$	$-\frac{5}{8}$	$\frac{1}{4}$	1	$\frac{5}{2}$	$-\frac{5}{4}$
$u_1\cdot$	0	3	-1	-16	-10	-10
$u_2\cdot$	$-\frac{7}{8}$	$-\frac{9}{8}$	$\frac{1}{4}$	-3	$\frac{5}{2}$	$-\frac{25}{4}$
$u_3\cdot$	1	2	0	8	0	10

T11	y_1	y_3	x_3	$v_1 \cdot$	$v_2 \cdot$	$v_3 \cdot$
x_1	$-\frac{2}{5}$	$\frac{3}{5}$	$\frac{12}{5}$	$\frac{32}{5}$	6	2
y_2	$-\frac{6}{5}$	$\frac{4}{5}$	$\frac{41}{5}$	$\frac{66}{5}$	16	8
x_2	$\frac{3}{5}$	$-\frac{2}{5}$	$-\frac{8}{5}$	$-\frac{8}{5}$	-4	2
$u_1 \cdot$	$-\frac{9}{5}$	$\frac{1}{5}$	$\frac{24}{5}$	$-\frac{56}{5}$	2	-16
$u_2 \cdot$	$-\frac{1}{5}$	$-\frac{1}{5}$	$-\frac{9}{5}$	$-\frac{24}{5}$	-2	-4
$u_3 \cdot$	$-\frac{1}{5}$	$\frac{4}{5}$	$\frac{16}{5}$	$\frac{56}{5}$	8	6

T12	y_2	y_3	x_3	v_1	$v_2 \cdot$	$v_3 \cdot$
y_1	$-\frac{5}{6}$	$-\frac{2}{3}$	$-\frac{41}{6}$	-11	$-\frac{40}{3}$	$-\frac{20}{3}$
x_1	$-\frac{1}{3}$	$\frac{1}{3}$	$-\frac{1}{3}$	2	$\frac{2}{3}$	$-\frac{2}{3}$
x_2	$\frac{1}{2}$	0	$\frac{5}{2}$	5	4	6
$u_1 \cdot$	$-\frac{3}{2}$	-1	$-\frac{15}{2}$	-31	-22	-28
$u_2 \cdot$	$-\frac{1}{6}$	$-\frac{1}{3}$	$-\frac{19}{6}$	-7	$-\frac{14}{3}$	$-\frac{16}{3}$
u_3	$-\frac{1}{6}$	$\frac{2}{3}$	$\frac{11}{6}$	9	$\frac{16}{3}$	$\frac{14}{3}$

T 13	y_1	x_2	y_2	$v_1 \cdot$	$v_2 \cdot$	$v_3 \cdot$
x_1	$\frac{1}{2}$	$\frac{3}{2}$	0	4	0	5
x_3	0	$\frac{2}{5}$	$\frac{1}{5}$	2	$\frac{8}{5}$	$\frac{12}{5}$
y_3	$-\frac{3}{2}$	$-\frac{41}{10}$	$-\frac{4}{5}$	-4	$-\frac{18}{5}$	$-\frac{73}{5}$
$u_1 \cdot$	$-\frac{3}{2}$	$-\frac{11}{10}$	$-\frac{4}{5}$	-20	$-\frac{32}{5}$	$-\frac{123}{5}$
$u_2 \cdot$	$-\frac{1}{2}$	$-\frac{1}{10}$	$\frac{1}{5}$	-2	$\frac{8}{5}$	$-\frac{13}{5}$
$u_3 \cdot$	1	2	0	8	0	10

T 14	y_2	x_2	y_3	$v_1 \cdot$	$v_2 \cdot$	$v_3 \cdot$
y_1	$\frac{8}{15}$	$\frac{41}{15}$	$-\frac{2}{3}$	$\frac{8}{3}$	$-\frac{12}{5}$	$\frac{146}{15}$
x_1	$-\frac{4}{15}$	$\frac{2}{15}$	$\frac{1}{3}$	$\frac{8}{3}$	$\frac{6}{5}$	$\frac{2}{15}$
x_3	$\frac{1}{5}$	$\frac{2}{5}$	0	2	$\frac{8}{5}$	$\frac{12}{5}$
$u_1 \cdot$	0	3	-1	-16	-10	-10
$u_2 \cdot$	$\frac{7}{15}$	$\frac{19}{15}$	$-\frac{1}{3}$	$-\frac{2}{3}$	$\frac{2}{5}$	$\frac{34}{15}$
$u_3 \cdot$	$-\frac{8}{15}$	$-\frac{11}{15}$	$\frac{2}{3}$	$\frac{16}{3}$	$\frac{12}{5}$	$\frac{4}{15}$

T 15	x_1	y_1	y_2	$v_1\cdot$	$v_2\cdot$	$v_3\cdot$
x_2	$\frac{2}{3}$	$\frac{1}{3}$	0	$\frac{8}{3}$	0	$\frac{10}{3}$
x_3	$-\frac{4}{15}$	$-\frac{2}{15}$	$\frac{1}{5}$	$\frac{14}{15}$	$\frac{8}{5}$	$\frac{16}{15}$
y_3	$\frac{41}{15}$	$-\frac{2}{15}$	$-\frac{4}{5}$	$\frac{104}{15}$	$\frac{18}{15}$	$-\frac{14}{15}$
$u_1\cdot$	$\frac{11}{15}$	$-\frac{17}{15}$	$-\frac{4}{5}$	$-\frac{256}{15}$	$-\frac{32}{5}$	$-\frac{314}{15}$
$u_2\cdot$	$\frac{1}{15}$	$-\frac{7}{15}$	$\frac{1}{5}$	$-\frac{26}{15}$	$\frac{8}{5}$	$-\frac{34}{15}$
$u_3\cdot$	$-\frac{4}{3}$	$\frac{1}{3}$	0	$\frac{8}{3}$	0	$\frac{10}{3}$

T 16	x_1	y_1	y_3	$v_1\cdot$	$v_2\cdot$	$v_3\cdot$
x_2	$\frac{2}{3}$	$\frac{1}{3}$	0	$\frac{8}{3}$	0	$\frac{10}{3}$
y_2	$-\frac{41}{12}$	$\frac{1}{6}$	$-\frac{5}{4}$	$-\frac{26}{3}$	$-\frac{9}{2}$	$\frac{7}{6}$
x_3	$\frac{5}{12}$	$-\frac{1}{6}$	$\frac{1}{4}$	$\frac{8}{3}$	$\frac{5}{2}$	$\frac{5}{6}$
u_1	-2	-1	-1	-24	-10	-20
$u_2\cdot$	$\frac{3}{4}$	$-\frac{1}{2}$	$\frac{1}{4}$	0	$\frac{5}{2}$	$-\frac{5}{2}$
$u_3\cdot$	$-\frac{4}{3}$	$\frac{1}{3}$	0	$\frac{8}{3}$	0	$\frac{10}{3}$

T 17	x_1	y_2	y_3	$v_1 \cdot$	v_2	$v_3 \cdot$
y_1	$-\frac{41}{2}$	6	$-\frac{15}{2}$	−52	−27	7
x_2	$\frac{15}{2}$	−2	$\frac{5}{2}$	20	9	1
x_3	−3	1	1	−6	−2	2
$u_1 \cdot$	$-\frac{45}{2}$	6	$-\frac{17}{2}$	−76	−37	−13
$u_2 \cdot$	$-\frac{19}{2}$	3	$-\frac{7}{2}$	−26	−11	1
$u_3 \cdot$	$\frac{11}{2}$	−2	$\frac{5}{2}$	20	9	1

T 18	y_1	y_2	y_3	$v_1 \cdot$	$v_2 \cdot$	$v_3 \cdot$
x_1	$-\frac{2}{41}$	$-\frac{12}{41}$	$\frac{15}{41}$	$\frac{104}{41}$	$\frac{54}{41}$	$-\frac{14}{41}$
x_2	$\frac{15}{41}$	$\frac{8}{41}$	$-\frac{10}{41}$	$\frac{40}{41}$	$-\frac{36}{41}$	$\frac{146}{41}$
x_3	$-\frac{6}{41}$	$\frac{5}{41}$	$\frac{4}{41}$	$\frac{66}{41}$	$\frac{80}{41}$	$\frac{40}{41}$
$u_1 \cdot$	$-\frac{45}{41}$	$-\frac{24}{41}$	$-\frac{11}{41}$	$-\frac{776}{41}$	$-\frac{302}{41}$	$-\frac{848}{41}$
$u_2 \cdot$	$-\frac{19}{41}$	$\frac{9}{41}$	$-\frac{1}{41}$	$-\frac{78}{41}$	$\frac{62}{41}$	$-\frac{92}{41}$
$u_3 \cdot$	$\frac{11}{41}$	$-\frac{16}{41}$	$\frac{20}{41}$	$\frac{248}{41}$	$\frac{72}{41}$	$\frac{118}{41}$

Literaturhinweise zur linearen parametrischen Optimierung (eine Auswahl; eine ausführliche Übersicht findet sich in [19])

[1] ABRAHAM, J., Über die Stabilität von Lösungen im Transportproblem der linearen Programmierung. Czechosl. math. J. 8 (83), Nr. 1 (1958) 131–138.

[2] ALBACH, H., Investitionsentscheidungen im Mehrproduktunternehmen, in ANGERMANN, A. (Hrsg.): Betriebsführung und Operations Research. Nowack Verlag, Frankfurt/M. (1963) 24–48.

[3] BOD, P., Lineare Optimierung mittels simultan gegebener Zielfunktionen. Colloqu. Appl. Math. Econom., Budapest 1963 (1965) 55–60.

[4] BOOT, J. C. G., On sensitivity analysis in convex quadratic programming problems. Operations Research **11** (1963) 771–786.

[5] DANTZIG, G. B., Linear programming and extensions (A RAND Corp. Res. Study) Lineare Programmierung und Erweiterungen (Deutsche Bearbeitung: A. JAEGER). Princeton N. J.: Princeton Univ. Press 1963. Springer-Verlag, Berlin – Heidelberg – New York 1966.

[6] DINKELBACH, W., Sensitivitätsanalysen und parametrische Programmierung (Ökonometrie und Unternehmensforschung. XII), Springer-Verlag, Berlin – Heidelberg – New York 1969.

[7] FINKELSTEIN, B. V., Verallgemeinerung parametrischer Probleme der linearen Optimierung. Ekon. mat. Met. **1** (1965) 442–450 (Russisch).

[8] GASS, S. I., Linear programming: methods and applications, (russ. Übersetzung: Moskva 1961) McGraw-Hill Book Company, Inc., New York – Toronto – London 1958.

[9] GASS, S., SAATY, T. I., The computational algorithm for the parametric objective funktion. Naval Res. Logist. Quart. **2** (1955) 39–45.

[10] GASS, S., SAATY, T. I., The parametric objective funktion, II. Operations Res. **3** (1955) 395–401.

[11] Golstein, E. G., Judin, D. B., Neue Richtungen in der linearen Programmierung. Sovetsk. Radio, Moskva 1966 (Russisch).

[12] Hollatz, H., Weinert, H., Ein Algorithmus zur Lösung des doppelt-einparametrischen linearen Optimierungsproblems. Math. Operationsforsch. Statist. **2** (1971) 181–197.

[13] Ibragimov, I. A., Kaplan, G. A., Kors, B. S., Die Anwendung der Methode der parametrischen Programmierung zur Lösung einer Klasse von Optimierungsproblemen. Izvestija vyss. ucebn. Zaved., Neft'i Gaz 1968, Nr. 5 (1968) 92–96 (Russisch).

[14] Judin, D. B., Golstein, E. G., Lineare Optimierung I. Akademie-Verlag, Berlin 1968.

[15] Jüttler, H., Ein lineares Modell mit mehreren Zielfunktionen. Ekon. mat. Met. **3** (1967) 397–406 (Russisch).

[16] Krasner, N. J., Pisareva, T. I., Das Auffinden relativ optimaler Lösungen und die Lösung parametrischer linearer Optimierungsprobleme. Voprosy optimal'n. Programmier. v. proizv. Zadac. Nr. 3, Voronez (1969) 88–98 (Russisch).

[17] Melikadze, N. L., Die Optimierung einer mehrparametrischen Funktion. Soobsc. Akad. Nauk Gruzin. SSR **54** (1969) 41–44 (Russisch).

[18] Nozicka, F., Guddat, J., Hollatz, H., Theorie der linearen Optimierung. Akademie-Verlag, Berlin 1972.

[19] Nozicka, F., Guddat, J., Hollatz, H., Bank, B., Theorie der linearen parametrischen Optimierung. Akademie-Verlag, Berlin 1974.

[20] Nykowski, I., Das duale zweiparametrische lineare Programmierungsproblem. I, II. Przeglad Statyst. **12** (1965) 203–217, 311–323 (Polnisch).

[21] Nykowski, I., Das Linearproblem mit zweiparametrischer Zielfunktion. Ekon. mat. Met. **2** (1966) 548–557 (Russisch).

[22] Panne, C. van de, An alternative interpretation of the primal-dual method and some related parametric methods. Internat. econom. Review **9** (1968) 87–99.

[23] Reinschke, K., Ein Lösungsverfahren der parametrischen linearen Optimierung. Wiss. Z. Hochschule Architektur Bauwesen Weimar **16** (1969) 284–286.

[24] Rost, D., Schmuntzsch, S., Ermittlung optimaler Futterrationen für Mastschweine unter Berücksichtigung variierender Kosten einiger Futtermittel (Anwendung von Modellen der linearen parametrischen Optimierung). Kühn-Archiv **84** (1970) 311–327.

[25] SCHREITER, D., Die parametrische Linearoptimierung – Anwendungsmöglichkeiten und Lösungsalgorithmus. Wirtschaftswissenschaft **12** (1964) 1300–1324.

[26] SEIFFART, E., Ein Lösungsalgorithmus eines parametrischen Verteilungsproblems. Ekon.-mat. Obzor **2** (1966) 263–270.

[27] WEINERT, H., Probleme der zweifach-mehrparametrischen linearen Optimierung. Wiss. Z. Hochschule Architektur Bauwesen Weimar **16** (1969) 307–309

[28] WINTGEN, G., Methoden zur einfachen Berücksichtigung von Veränderungen in der Zielfunktion oder in den Einschränkungen bei Problemen der Linearoptimierung. Wiss. Z. Hochschule Architektur Bauwesen Weimar **8** (1961) 486–491.

Sachverzeichnis

Die Autoren

- geben eine Einführung in die Aussagen und Verfahren der parametrischen Optimierung
- untersuchen Klassen linearer Optimierungsaufgaben und behandeln die auftretenden Probleme in einheitlicher und übersichtlicher Form
- demonstrieren anhand von Beispielen die Denkweisen und das Vorgehen bei der Lösung parametrischer Aufgaben
- wenden sich mit diesem Bändchen an Mathematiker, Physiker und alle, die sich heute in der Praxis mit Optimierungsproblemen beschäftigen müssen

WISSENSCHAFTLICHE TASCHENBÜCHER